PLANTES
DE
LA FRANCE,
TÉTRAPÉTALES TÉTRADYNAMIQUES,
FAMILLE NATURELLE.

Caractères essentiels de cette famille.

Les plantes tétrapétales tétradynamiques, mais que l'on connoît plus généralement par les noms de plantes crucifères, de plantes cruciformes, ou enfin par celui de plantes à fleurs en croix, ont toutes pour caractère essentiel, un périanthe de quatre feuilles, une corolle de quatre pétales insérés sous le germe, six étamines (1) & un pistil.

Caractères d'approximation.

Les cruciformes ont de très-grands rapports avec quelques plantes de la famille des Capriers : ceux-ci ont, comme les crucifères, un calice de quatre feuilles, une corolle de quatre pétales, un germe supérieur, &c ; elles diffèrent des cruciformes par le nombre de leurs étamines, qui excède six (2), & sur-tout par le fruit, qui, dans les Capriers, ne forme jamais une silique biloculaire, mais bien une capsule, un fruit mou, ou une silique monoloculaire.

Les cruciformes ont encore de grands rapports avec la famille des Pavots : ceux-ci ont, comme les crucifères, une corolle de quatre pétales, un germe supérieur qui, à quelques espèces, devient une silique ; mais les Pavots diffèrent des crucifères par leur périanthe & par le nombre des parties mâles ; les Pavots ont toujours plus de six étamines, & leur calice n'a que deux feuilles, au lieu que les crucifères n'ont jamais plus de six étamines, & ont toujours leur calice de quatre feuilles.

ORDRES.

On a coutume de diviser les cruciformes en deux ordres, d'après la considération du fruit, & on a donné à ces ordres des noms qui en expriment assez bien les caractères : presque toutes les crucifères ont leur fruit composé de deux valves plus ou moins alongées ; ces deux valves se réunissent par le moyen d'un corps intermédiaire qui y établit une cloison,

---

(1) Quelques crucifères n'ont que deux étamines ; le nombre en est petit, puisque ce caractère ne se rencontre que sur deux ou trois individus ; toutes n'ont point les étamines inégales *tétradynamiques* ; quelques-unes les ont visiblement égales, hexandriques. D'après cette considération, on pourroit donner aux crucifères pour caractère très-naturel & précis, d'avoir quatre pétales & six étamines *tétrapétales hexandriques*.

(2) Le genre du CLÉOME seul se refuse à l'entière affiliation, soit avec les crucifères, soit avec les capriers : c'est un genre intermédiaire qui semble se partager entre les deux familles. Plusieurs espèces de *Cléomes* ont un calice de quatre feuilles, quatre pétales, six étamines, un pistil qui devient une silique. D'après ces caractères, ces espèces sont de véritables crucifères, à moins qu'on ne les éloigne, à cause que leur silique est monoloculaire. Les autres Cléomes ont plus de six étamines, & par conséquent sont de véritables Capriers.

de cette réunion, il résulte, pour chaque valve, deux sutures, une à droite, l'autre à gauche; c'est à ces sutures que viennent s'attacher les cordons des graines. Cette forme particulière a fait donner à ces fruits le nom de silique; mais, comme nous avons dit plus haut que ces valves sont plus ou moins alongées, il résulte de la comparaison de la longueur des différens fruits deux ordres de grandeurs, savoir : un ordre à petits fruits ou à petites siliques (*siliculeuses*), & un ordre à grands fruits ou à grandes siliques (*siliqueuses*).

L'ordre premier des crucifères comprend toutes les plantes de cette famille dont le fruit est court, c'est-à-dire, dont la longueur ne surpasse presque point la largeur : mais comme il faut une marque qui détermine au juste le point où l'on cessera de désigner le péricarpe des cruciformes par le mot de silicule, qu'il en est en même temps une autre où l'on commencera l'ordre des siliques, nous allons exposer les caractères de l'un & de l'autre de ces deux ordres.

ORDRE PREMIER.

Les Siliculeuses.

On rangera dans le premier ordre toutes les plantes cruciformes dont la longueur du péricarpe sera au dessous de trois fois la largeur, les mesures de longueur & largeur toujours prises sur le même fruit; ainsi, pour le répéter encore, une silique de trois lignes de long qui auroit deux lignes de large, seroit réputée une silicule, & la plante qui portera de ces sortes de siliques sera placée dans l'ordre premier, parce que, dans quatre lignes de longueur, il n'y a pas trois fois deux lignes, qui sont la mesure de la largeur.

SOUS-ORDRES.

Dans le premier ordre, on y voit des genres qui ont leurs silicules monoloculaires; d'autres sont biloculaires. Parmi celles-ci, la cloison qui divise la silicule en deux loges est tantôt moins large que le grand diamètre du fruit, & le coupe en deux parties égales; d'autres, au contraire, ont leur cloison placée dans le même sens que le grand diamètre, & cette cloison est égale en largeur au fruit entier. Ces trois considérations pourront fournir matière à trois sous-ordres, savoir, un premier, qui renfermera les cruciformes siliculeuses dont la cloison sera moins large que le fruit : *Iberis*, *Thlaspi*, *Biscutella*, *Lepidium*, *Cochlearia*, *&c*; un second ordre, qui renfermera les cruciformes siliculeuses dont la cloison est égale au grand diamètre du fruit : *Alyssum*, *Draba*, *Lunaria*, *Myagrum*, *&c*; un troisième ordre, qui comprendra les cruciformes siliculeuses dont le péricarpe n'aura point de véritable cloison : *Rapistrum*, *Clipeola*, *Isatis*, *Bunias*, *Crambœ*, *&c.*

ORDRE II.

Les Siliqueuses.

Les crucifères siliqueuses doivent avoir des siliques plus de trois fois plus longues que larges, mesures toujours prises sur le même fruit.

CRUCIFORMES SILICULEUSES,

GENRE PREMIER.

IBERIS.

Les Iberis ont un calice de quatre feuilles, une corolle de quatre pétales, six étamines, un pistil (*caractères classiques*). Le pistil devient une silicule presque orbiculaire (*caractères de l'ordre*) ; cette silicule est coupée dans sa largeur en deux parties presque semi-orbiculaires par une cloison moins large que le grand diamètre du fruit (*caractère du sous-ordre*) ; enfin les quatre pétales sont inégaux : deux sont plus grands, & sont placés à côté l'un de l'autre ; deux sont plus petits, & sont aussi ensemble. (*Ce dernier caractère est le caractère essentiel, & n'appartient qu'au genre des Iberis*).

Caractères d'approximation.

Les *Iberis* ont de si grands rapports avec le genre du thlaspi, que plusieurs ne pourroient en être distinguées, si elles étoient privées de pétales, leur fruit ayant absolument la même forme. La première espèce, *Iberis semperflorens*, a ses silicules formées de deux orbiculaires comme les lunetières, *biscutellæ*, & si la plante avoit des pétales égaux, on seroit forcé de la placer dans ce genre, comme l'avoit fait M. de Tournefort. L'*Iberis rotundifolia* a un péricarpe oblong & entier, caractère du *Lepidium ;* mais les pétales inégaux l'en éloignent.

D'après les rapports que le genre de l'Ibéris a avec les genres voisins, on voit qu'on ne peut les distinguer que par l'irrégularité de la corolle, & que son caractère essentiel se réduit aux marques suivantes :

IBERIS, *fleurs cruciformes, quatre pétales inégaux didynamiques.*

Espèces.

Les *Iberis* se distinguent facilement les unes des autres. Une seule & sa variété ont la tige nue ou tout au plus garnie d'une feuille. *Iberis nudicaulis.* L. *bursifolia.* B. Les huit autres ont leurs tiges feuillées.

Parmi ceux qui ont les tiges feuillées, il y en a trois qui sont ligneuses, & leurs tiges persistent les hivers; les cinq autres sont tout au plus bisannuelles, & les tiges ne persistent point les hivers.

Des trois Iberis à tiges persistantes, une seule a le fruit biorbiculaire, les feuilles cunéiformes : IBERIS *semperflorens.* L.

Une seule a les feuilles aiguës, déprimées & ciliées : ——— *saxatilis.* L.

Une seule a les feuilles linéaires, un peu obtuses, très-entières : ——— *sempervirens.* L.

Parmi les cinq Iberis à tiges non persistantes, il y en a une seule qui a les feuilles caulinaires, amplexicaules cordées: ——— *rotundifolia* L.

Une seule a les feuilles pinnées : ——— *pinnata.* L.

Une seule a les feuilles des branches à trois dents: ——— *amara.* L.

Une seule a les feuilles brachiales lancéolées, aiguës, très-entières : ——— *umbellata.* L.

Une seule a les feuilles brachiales linéaires. ——— *linifolia.* L.

D'après le court exposé des caractères essentiels génériques & spécifiques, il nous semble impossible de confondre le genre des Iberis avec les genres voisins; & de plus, il nous paroît aisé de distinguer les espèces entre elles ; mais, pour ne laisser rien à desirer sur cette dernière distinction, & faire sentir de plus en plus ces différences, nous allons convertir en tableau les caractères les plus contraires, afin que d'un coup-d'œil on saisisse les différences qui distinguent les espèces entre elles.

TABLEAU DES IBERIS.

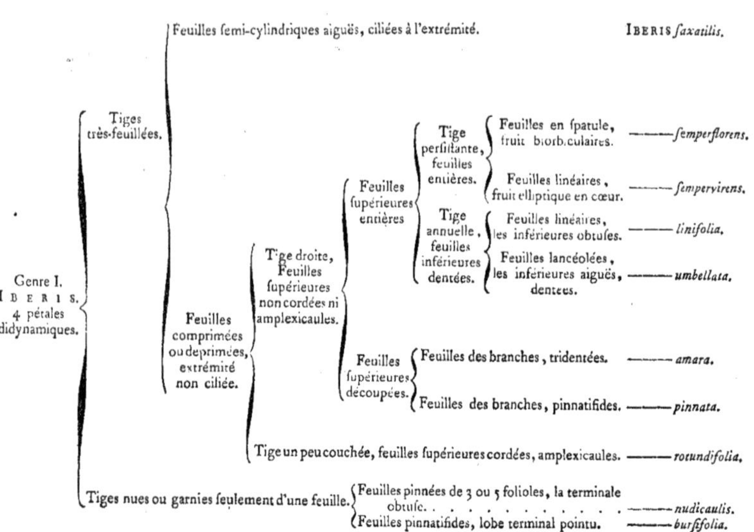

IBERIS Semper Florens . L.

IBERIS
SEMPERFLORENS.
IBERIDE FLEURIDE.

ORDRES SYSTÉMATIQUES

DE TOURNEFORT.	VON LINNÉ.	DE JUSSIEU.
Cl. V. S. 2. G. 3. *Thlaſpidium.*	Cl. XV. Ord. 1. les Siliculeuſes.	Cl. XII. Ordre 3. les Crucifères.

DESCRIPTION.

ENVELOPPE, aucune.

CALICE. *Un périanthe* ſupérieur (G) de quatre feuilles égales, entières, arrondies, concaves, vertes & bordées d'un feuillet blanc; deux de ces feuilles ſont en forme de nacelle; deux ſont moins concaves (6); toutes tombent avec la corolle.

COROLLE. *Quatre pétales* (V) inégaux, caducs, blancs; deux de ces pétales ſont en œuf renverſé, un peu élancés, placés à côté l'un de l'autre à la partie extérieure du corymbe, & forment, pour ainſi dire, une lèvre; deux autres ſont ſeulement en œuf renverſé, & plus courts que les précédens (U); tous ſont ſoutenus par des onglets ſemi-cylindriques.

ETAMINES. *Six filets* (H) inégaux : deux ſont plus courts, à cauſe d'une courbure en arc; ils ſont oppoſés & placés vis-à-vis de l'angle du germe; les quatre autres ſont plus longs & ſont droits, oppoſés deux à deux & appliqués ſur les côtés aplatis du germe. Chaque filet (2) eſt ſubulé, aplati par une face, cylindrique par l'autre. Six *anthères* elliptiques jaunes (3), pouſſière fécondante jaune.

PISTIL. *Un germe* comprimé, ovoïde élargi liſſe. *Un ſtyle* cylindrique liſſe, de la longueur du germe. *Un ſtigmate* (E) à tête aplatie.

NECTAR. *Six glandes* (4, 5) ſituées à l'inſertion des étamines; deux ſont oppoſées & placées une à chaque côté des côtés aplatis du germe, juſtement ſur le dos de la naiſſance des deux grandes étamines; les quatre autres ſont ſituées deux à deux de chaque côté & vis-à-vis des tranchans du germe (5); celles-ci accompagnent les deux étamines ſolitaires, c'eſt-à-dire, les deux plus courtes.

PÉRICARPE. *Une ſilicule* biloculaire compoſée des deux parties preſque orbiculaires comprimées qui ſe réuniſſent par leur tranchant, & forment par leur réunion deux échancrures : une ſupérieure occupée par le ſtyle (E), une inférieure par le pédicule; ces parties ſont deux valves (CC) concaves, ſemi-orbiculaires, réunies par le moyen d'une cloiſon mitoyenne (9), que nous décrivons ſous le mot RÉCEPTACLE. Chaque valve a une cavité qui forme une loge & qui contient une ſeule graine.

RÉCEPTACLE. *Cloiſon* (9) mitoyenne, élancée, liſſe, comprimée, ſurmontée du ſtyle.

SEMENCES. *Deux graines* (7) lentiformes bordées & échancrées en rein dans le bord qui donne attache au cordon.

RACINE Fibreuſe, dure, ligneuſe, produiſant beaucoup de fibriles.

TRONC. *Tige* cylindrique, verticale, nue, pleine, raboteuſe, courte, garnie de branches & de rameaux; branches obliques, nues, défeuillées, baſe des rameaux auſſi défeuillée, herbacés.

FEUILLES. Très-ſimples, épaiſſes (8), très-entières, ſucculentes, obtuſes, ovoïdes-renverſées, preſque cunéiformes; ſurface ſupérieure liſſe, plane; ſurface inférieure liſſe, légèrement convexe, & garnie d'une nervure; bords très-entiers; extrémité ordinairement émouſſée; baſe terminée en pétiole; ſouvent les deux ſurfaces ſont ponctuées de petites aſpérités graveleuſes.

SUPPORTS.
- *Armes*, *Stipules*, *Bractées*, aucune.
- *Pétioles*, courts, formés du prolongement de la baſe de la feuille; ces pétioles ſont convexes en deſſous, aplatis & un peu concaves en deſſus.
- *Pédoncules*, cylindriques, inégaux, uniflores, raſſemblés en corymbe au haut des rameaux; les inférieurs ſont les plus longs.
- *Vrilles*, aucune.

PORT. D'une *racine*, s'élève une tige verticale nue dans une hauteur de quatre à cinq pouces; enſuite ſortent des branches obliques auſſi nues; de ces branches il ſort des rameaux; toutes ces portées ſont diſpoſées ſans ordre: les feuilles ſont alternes & diſpoſées en quinconce; les fleurs ſont terminales, diſpoſées en corymbe; les extérieures ſont épanouies; celles de l'intérieur du corymbe ſont en boutons.

VÉGÉTATION. *Sous-arbriſſeau* toujours vert; il pouſſe des rameaux & des fleurs en tout temps; les premières feuilles périſſent & tombent, & à ſur & à meſure il en renaît d'autres. La tige vit pluſieurs années.

LIEU. Originaire de la Sicile & de la Perſe, tranſportée dans nos climats, où l'on la cultive dans les ſerres, & où elle réuſſit parfaitement: on la trouve ſur les monts Pyrénées, où elle réſiſte, à ce que l'on m'a écrit, à la rigueur de l'hiver.

ANALYSE, inconnue.

PROPRIÉTÉS. Les *feuilles* froiſſées ont une odeur tirant ſur celle de l'ail; les fleurs ſont inodores; ces mêmes feuiles ont un goût ſalé un peu piquant.

VERTUS, USAGE, DOSE, inconnus.

ETYMOLOGIE. *Iberis* eſt le nom d'une contrée: on donna ce nom à une plante, à cauſe qu'on l'obſerva pour la première fois dans l'ancienne Iberie. Celle qui reçut ce nom, eſt placée dans le genre des paſſe-rages. *Lepidium.* Von Linné a tranſporté le nom *Iberis* au genre que nous décrivons, au lieu du nom *Arabis* que ce genre portoit dans les anciens auteurs: cette eſpèce eſt dite *ſemperflorens*, toujours fleurie, parce qu'effectivement elle eſt toujours en fleur.

NOM GÉNÉRIQUE PHYTONOMATOTECHNIQUE.

VEHJUHFUALIDE.

SYNONYMIE.

IBERIS (*ſemperflorens*) *fruteſcens, foliis cuneiformibus integerrimis obtuſis, Linn. ſyſt. pl. 3, 229 id. Sp. pl. 2, 904, mur. ſyſ. veget ed. 14, 589. Gouan. hort. 318, Sauvag. met. fol. 72, n°. 410, Crantz. Crucif. 72.*

THLASPI, *latifolium polycarpon, leucoii foliis, Bocc. ſic. 55, tab. 22, fig. A 1.*

——— *fruticoſum folio leucoii ſemperflorens, Seb. Theſ. 1, pag. 2, tab. 13, fig. 4.*

THLASPIDIUM *fruteſcens folio leucoii, ſemperflorens. Tour. inſt. 214.*

LEUCOIUM *fruticoſum umbellatum perſicum foliis, leucoii inſtar ſemper virentibus, Mor. hiſt. 2, p. 296, Pluk. Almageſt. 366.*

THLASPI ou TARASPI des jardiniers. *Gouan. Hort. 318.*

IBERIS Semper virens. L.

IBERIS
SEMPERVIRENS.
IBERIDE *VERDOYANTE.*

ORDRES SYSTÉMATIQUES

DE TOURNEFORT.	VON LINNÉ.	DE JUSSIEU.
Cl. V. Sect. 2. G. 1. *Thlaspi.*	Cl. II. Ord. 1. les Siliculeuses.	Cl. XII. Ord. 3. les Crucifères.

DESCRIPTION.

ENVELOPPE, aucune.

CALICE. *Périanthe* de quatre feuilles (4) un peu inégales : deux sont plus grandes; deux sont plus petites ; toutes sont arrondies & bordées d'un feuillet membraneux, & tombent après la floraison.

COROLLE. Quatre *pétales* inégaux (V) : deux sont plus petits; deux sont beaucoup plus grands (U); les quatre forment une corolle à deux lèvres; chaque pétale est en œuf renversé ou cunéiforme; l'onglet est formé par le rétrécissement du pétale ; tous s'insèrent sous le germe.

ETAMINES. Six *filets* (H) inégaux: quatre sont plus grands & sont disposés deux à deux dans le calice au devant de la face applatie du germe; deux sont plus petits, & sont situés un de chaque côté à la base du germe du côté & vis-à-vis son tranchant : tous les filets sont cylindriques, un peu subulés (2) & d'une couleur un peu violette ; *six Anthères* (3) oblongues, elliptiques, placées en bequelle sur le haut des filets; elles sont ordinairement violettes.

PISTIL. *Un germe* ovoïde elliptique, lisse. *Un style* cylindrique de la hauteur des étamines terminé par *un stigmate* (Æ) élargi & un peu échancré.

NECTAR. *Six glandes* arrondies: quatre sont plus grandes (6) & accompagnent les petites étamines; elles sont placées au bas des filets : deux à la naissance de chaque petite étamine, une de chaque côté du filet; les deux autres sont plus petites; elles sont situées sur le dos des grandes étamines, une de chaque côté (5) du germe.

PÉRICARPE. *Silicule* comprimée, orbiculaire, échancrée à sa partie supérieure, & terminée par le style qui persiste : ce péricarpe est divisé en deux loges par une cloison mitoyenne perpendiculaire & opposée à sa largeur; chaque loge s'ouvre & renferme une graine ; les deux valves sont concaves.

RÉCEPTACLE. *Cloison* longitudinale opposée à la largeur du fruit, beaucoup plus étroite que la silicule; cette cloison est lancéolée & terminée par le style, qui est fort long.

SEMENCES. *Deux graines*, une à chaque loge ; chacune de ces semences est oviforme, lisse.

RACINE. Fibreuse, solide ; fibres cylindriques très-écartées de la terre & garnies de fibres plus déliées.

TRONC. *Tige* cylindrique, verticale, rude, couverte d'aspérités provenantes de la chûte des anciennes feuilles ; l'écorce est grise ou brune ; le bois est d'un blanc jaunâtre; cette tige porte des branches presque verticales, nues & terminées par des rameaux feuillés florifères.

FEUILLES. Très-simples, très-entières, linéaires, terminées en pointe un peu émoussée. Nous obſerverons que la forme des feuilles n'eſt pas toujours abſolument la même dans les différens individus qui ont reçu le nom d'*Iberis ſempervirens*, ou que Von Linné rapporte à cette eſpèce. Les feuilles de la figure première ſont conſtamment uniformes, linéaires, très-entières, preſque ſeſſiles, garnies d'une nervure, terminées en pointe mouſſe par le ſommet, & en pétiole à ſa baſe. les ſurfaces ſont très-liſſes, ſans poils; les bords ſont auſſi privés de poils. Les feuilles des tiges fleuries de la figure deuxième ſont ſouvent élancées, obtuſes, plus larges à leur extrémité qu'à aucune des autres parties de leur longueur; elles ſe rétréciſſent en pétiole; celles des branches non fleuries du même individu ſont abſolument ſemblables à celles de la figure première.

SUPPORTS.
- *Armes*, *Stipules*, *Bractées*, aucune.
- *Pétioles*; très courts, formés par le rétréciſſement de la baſe des feuilles.
- *Pédoncules*; ſolitaires, cylindriques, diſpoſés en forme de corymbe au haut des rameaux fleuris, mais diſpoſés en grappe après la floraiſon.
- *Vrilles*, aucune.

PORT. D'une *racine* s'élève verticalement une tige; cette tige pouſſe pluſieurs branches preſque verticales; les feuilles ſont alternes, aſſez écartées, eſpèce n°. 1; l'eſpèce figure 2 a les feuilles plus rapprochées; ſes tiges ſont couchées, flexueuſes, les rameaux ſtériles & les fleurs ſe redreſſent; les fleurs ſont auſſi terminales, & ordinairement plus petites qu'à l'eſpèce n°. 1.

VÉGÉTATION. Cette Plante eſt toujours verte & garnie de feuilles; celles du bas de la tige & de la baſe des branches dépériſſent & tombent pendant qu'il en pouſſe de nouvelles ſur de nouveaux rameaux; la tige vit pluſieurs années; elle fleurit en avril & mai.

LIEU. Sur les montagnes & autres lieux élevés; la plante de la figure première a été cueillie ſur les montagnes des Pyrénées; celle de la figure deux vient en Bourgogne & à Lyon.

ANALYSE. Inconnue.

PROPRIÉTÉS.
- *Odeur*. Toute la plante froiſſée a une odeur d'herbe tirant ſur celle d'ail.
- *Saveur*. Les feuilles mâchées ſont un peu âcres à la gorge, & font une forte impreſſion de creſſon ſur la langue.

VERTUS, USAGE, DOSE, inconnus.

ETYMOLOGIE. *Iberis* (Voyez la page 2.) *ſempervirens*, toujours verte, à cauſe que cette eſpèce eſt toujours chargée de feuilles; ce caractère lui eſt commun avec la troiſième & première eſpèce.

NOM GÉNÉRIQUE PHYTONOMATOTECHNIQUE.

VEHJUHFUALIDE.

SYNONYMIE.

IBERIS (*ſempervirens*) *fruteſcens foliis linearibus acutis integerrimis. Hort. Clif. 330. Mil. Dict. n°. 2. Spec. Plant. 2.904. Id. Syſt. Plant. 3. 229. Mur. Syſt. Veget. ed. 14. 589. Gouan. Hort. Monſp. 319. Sauv. Met. fol. 71. n°. 407. Crantz. Crucif. 72.*

THLASPI *creticum perenne flore albo. Barel. Icon. 214. fig. 2.*

——— *montanum ſemper virens. Tourn. Inſt. 213. C. B. pin. 106.*

THLASPI *fruticoſum ſempervirens albo cretici flore. Barel. Icon. 734.*

——— *montanum candidum. Dalech. Hiſt. ed. lat. 1. 180. Id. ed. gal. 2. 78.*

IBERIDE toujours verte.

Nota bene. Pluſieurs de nos botaniſtes François ont cru que l'*Iberis ſaxatilis* étoit une variété de cette eſpèce d'*Iberis*, & ils ont été conduits à cette opinion, parce qu'ils ne connoiſſoient pas la véritable eſpèce d'*Iberis ſaxatilis*, & alors ils donnoient ce nom à la variété fig. 2, qu'on pourroit nommer *Iberis ſempervirens minor.*

IBERIS Saxatilis. L.

IBERIS
SAXATILIS.
IBERIDE SAXATILE.

ORDRES SYSTÉMATIQUES

DE TOURNEFORT.	VON LINNÉ.	DE JUSSIEU.
Cl. V. Sect. 7. Gen. 1. *Thlaspi.*	Cl. XV. Ord. 1. les Siliculeuses.	Cl. XII. Ord. 3. les Cruciformes.

DESCRIPTION.

ENVELOPPE Aucune.

CALICE. *Périanthe* (F) inférieur de quatre feuilles oblongues égales ou presque égales, uniformes, glabres, concaves (5) & un peu arrondies par le bout; chacune est reployée en petite portion d'arc, & bordée d'un feuillet membraneux, blanchâtre, & deux fois au moins plus courte que les pétales.

COROLLE. *Quatre pétales* (V) inégaux: deux sont extérieurs au corymbe & les plus grands; Ceux-ci sont très-évasés, rabattus sur le calice; le limbe est blanc, ovoïde, renversé, élancé, & très-grand en comparaison de l'onglet; l'onglet est court & presque cylindrique (U); les petits pétales sont ovoïdes & terminés par un onglet très-court & purpurin (2); tous ces pétales tombent de bonne heure.

ETAMINES. *Six filets* inégaux (H) de la longueur des feuilles du calice; quatre de ces filets sont posés deux à deux vis-à-vis des faces aplaties du germe; ces filets sont cylindriques (4), plus grands que le pistil, & de couleur purpurine; les deux autres filets sont plus courts, reployés en portion d'arc, & insérés sous le germe un de chaque côté vis-à-vis des angles du germe. *Six anthères* cordées jaunâtres (3).

PISTIL. *Un germe* aplati, lisse, comme cordé; *un style* cylindrique plus court que le germe; *un stigmate* obtus, entier, & non distinct du style.

NECTAR. *Quatre glandes* situées une à une entre les grandes & les petites étamines.

PÉRICARPE. *Silicule* (6) presque orbiculaire, échancrée supérieurement en deux cornes, & garnie du pistil (E) qui est persistant, & qui occupe la partie moyenne; cette silique est divisée en deux loges, & contient dans chaque loge une seule graine.

RÉCEPTACLE. *Cloison* mitoyenne, verticale, moins large que le fruit & posée dans un sens opposé à la largeur de ce même fruit.

SEMENCES. *Deux graines:* une dans chaque loge; chacune de ces graines est oviforme, lisse.

RACINE. Fibreuse, horizontale ou oblique, dure, inégale, ligneuse & qui se ramifie.

TRONC. *Tige* cylindrique, dure, persistante, inégale, raboteuse, marquée d'aspérités provenantes de la séparation des feuilles; cette tige est nue dans ses parties inférieures, garnie souvent de branches vers la partie supérieure, mais rarement de rameaux.

FEUILLES. Très-simples, très-entières; celles qui ont plus d'une année sont linéaires, charnues, cylindriques ou semi-cylindriques, aiguës, succulentes, absolument glabres; les jeunes feuilles ou celles de l'année sont ciliées & presque cylindriques; toutes sont sessiles. Les cils qui bordent ces feuilles sont de la même substance que la feuille, & sont tournés de la pointe à la base. (Voyez la fig. 7.)

SUPPORTS.
- *Armes*, *Stipules*, *Bractées*, aucune.
- *Pétioles*, aucuns ; les feuilles se rétrécissent en gagnant la tige.
- *Pédoncules*, plusieurs uniflores rassemblés en petits corymbes au haut des tiges.
- *Vrilles*, aucune.

PORT. D'une *racine* commune sortent plusieurs tiges foibles, souvent couchées sur terre ; ces tiges sont rougeâtres & couvertes d'inégalités provenantes des cicatrices qu'a laissé l'insertion des feuilles des années précédentes en tombant. Ces tiges poussent des branches, & ces branches, lorsque la plante vieillit, poussent des rameaux ; ces branches & rameaux ne suivent aucun ordre dans leur arrangement ; les feuilles occupent ordinairement le haut des tiges & branches ; elles sont disposées autour des branches en spirales alongées redoublées, mais pourtant d'un ordre difficile à déterminer ; les fleurs sont terminales, disposées en corymbe ; ce corymbe s'alonge à mesure que les premières fleurs se passent, & devient un thyrse.

VÉGÉTATION. Cette plante est toujours verte ; les gelées font tomber les anciennes feuilles ; le printemps & l'été en font repousser de nouvelles. Les fleurs se montrent en mars & avril ; les fruits mûrissent en été & en automne ; la plante vit plusieurs années ; ses tiges sont persistantes.

LIEU. Les terrains pierreux, arides & élevés des provinces méridionales de la France, sur les collines, sur les petites montagnes aux environs de Montpellier.

PROPRIÉTÉS.
- *Odeur ;* toute la plante est inodore ; froissée, elle a une légère odeur de cresson.
- *Saveur ;* les feuilles mâchées ont une saveur analogue à celle du cresson, mais foible.

VERTUS, USAGE, DOSE, inconnus.

ETYMOLOGIE. *Iberis*, nom d'une ville. *Saxatilis*, des roches, à cause que cette espèce vient de préférence aux lieux arides & pierreux.

NOM GÉNÉRIQUE PHYTONOMATOTECHNIQUE.

VEHPUFUALILE.

SYNONYMIE.

IBERIS (*saxatilis*) *suffruticosa, foliis lanceolato-linearibus carnosis acutis integerrimis ciliatis Linn. Syst. Plant. 3. 229. id. Spec. Plant. 2. 905. Mur. Syst. Veget. ed. 14. pag. 589. Gouan. Illus. 41.*

——— *foliis lanceolato linearibus carnosis ciliatis, ramulis suffruticosis, corymbis hemisphæricis. Gerard. Flor. Gal. Prov. 354.*

THLASPI *saxatile, vermiculato acuto folio C, B. Pin. 107. Tourn. Inst. 213. Garid. Aix 464. tab. 91. Mor. Hist. 1, 298. tab. 18, sec. 3, fig. 31. Rai Hist. 1. 836. Plukenet Almag. 365.*

PHITOTHLASPI *montanum fruticosim, vermiculato acuto folio. Colum. Ecphr. 1. pag. 278. tab. 277. fig. 1.*

IBERIDE des roches.

IBERIS Rotundifolia. L.

IBERIS
ROTUNDIFOLIA.
IBERIDE *Rampante.*

ORDRES SYSTÉMATIQUES

DE TOURNEFORT.	VON LINNÉ.	DE JUSSIEU.
Cl. V. Sect. 2. Genre 1. *Thlaspi.*	Cl. XV. Ord. 1. les Siliculeuses.	Cl. XII. Ord. 3. les Cruciformes.

DESCRIPTION.

Enveloppe, aucune.

Calice. *Périanthe* (G) de quatre feuilles inférieures égales, glabres, elliptiques, évasées & appliquées contre les onglets des pétales; chacune de ces feuilles est bordée d'un petit feuillet blanchâtre & membraneux.

Corolle. *Quatre pétales* purpurins (V), un peu inégaux, disposés comme en deux lèvres; les deux petits pétales répondent à la partie extérieure; tous ces quatre pétales sont en œuf renversé, entiers & oblongs (U); ils sont insérés à la base du germe par des onglets aigus, d'où ils tombent de bonne heure.

Etamines. *Six filets* (H) inégaux : quatre sont les plus longs, égaux entre eux & disposés deux à deux sur les faces aplaties du germe ; les deux plus courts sont situés aux deux angles du germe, un de chaque côté; tous ces filets sont cylindriques (3); *six anthères* (2) égales, elliptiques, jaunes; *poussière fécondante* jaunâtre.

Pistil. *Un germe* oblong, anguleux, *un style* cylindrique terminé par *un stigmate* (E) un peu obtus en tête.

Nectar. *Deux glandes*, une de chaque côté, situées à la base de la petite étamine.

Péricarpe. *Silicule* anguleuse, ovoïde, lancéolée, biloculaire, divisée en deux loges égales, & qui se divise en deux valves concaves aussi égales, pour laisser tomber les graines.

Semences. *Deux graines* ovoïdes, lisses, rougeâtres, comprimées une dans chaque loge.

Racine. *Longue fibre* profondément cachée sous terre, dure, d'un blanc terreux, pleine.

Tronc. *Tige* garnie de fibres déliées, très-simples, cylindriques, souvent couchées par terre, pleines & feuillées, fig. 2, quelquefois branchue.

Feuilles, de deux ou trois sortes : savoir, deux d'absolument radicales, très-entières, en œuf renversé ou en spatule, pétiolées; plusieurs autres placées au bas de la tige, lesquelles sont ovoïdes, pétiolées, un peu dentées à leurs bords, & garnies d'une nervure ; enfin plusieurs placées le long de la tige : celles-ci sont très-entières, cordées & amplexicaules, garnies aussi d'une nervure au centre ; toutes ces feuilles sont un peu épaisses, très-glabres & très-lisses.

Supports.
- *Armes*, *Stipules*, *Bractées*, aucune.
- *Pétioles*, seulement aux feuilles inférieures ; ils sont aplatis supérieurement, un peu convexes à la face inférieure.
- *Pédoncules*, cylindriques, grêles, situés au haut de la tige & des bouquets.
- *Vrilles*, aucune.

Port. D'une racine ſortent ſouvent pluſieurs tiges obliques ou couchées ſur terre, hautes de quatre à cinq pouces ; ces tiges ſont feuillées ; autour du pied de la tige on obſerve une roſette de feuilles pétiolées; celles de la tige ſont ſeſſiles & alternes; les fleurs ſont diſpoſées au haut des tiges en forme de tête un peu en corymbe; les fruits ſont en thyrſe.

Lieu. Les terrains arides, ſur les montagnes des Alpes & dans les lieux pierreux de la Provence.

Végétation. La racine de cette plante vit pluſieurs années, ſouvent même les feuilles radicales réſiſtent à la gelée ; les tiges pouſſent en avril & mai; les fleurs s'épanouiſſent en juin; les ſemences ſont mûres en juillet & août ; les tiges périſſent.

Propriétés. { *Odeur ;* toute la plante, froiſſée, a une odeur herbacée peu ſenſible.
Saveur ; la plante mais ſur-tout les feuilles ont une ſaveur âcre piquante.

Analyse,
Vertus,
Usage,
Dose, } inconnues.

NOM GÉNÉRIQUE PHYTONOMATOTECHNIQUE.

VEHPUCFUANILE.

SYNONYMIE.

Iberis (*rotundifolia herbacea foliis ovatis : caulinis amplexicaulibus lævibus ſuccoſis Linn. Syſt. Plant. 3. pag. 230. id. Spec. Plant. 905. Mur. Syſt. Veget. ed. 14. 589. Miller. Dict. n°. 7. Crantz. Crucif. 73.*

Lepidium *caule repente, foliis ovatis, amplexicaulibus. Hal. Helv. n°. 517. Allion. pedem 27. tab. 4, fig. 1.*

Thlaspi *alpinum folio rotundiore carnoſo, flore purpuraſcente. Tourn. Inſt. 212. Seheuch. Alp. 50 & 143. Rai. Hiſt. 3. 416.*

——— *montanum, ſerrato cepeæ folio, flore purpuraſcente umbellato. Barr. Icon. 848.*

——— *ſubrotundo folio, utriculato gruinali. Barr. Icon. 1305. n°. 2.*

Iberide rampante. *Lam. fl. Fr. 2. 674.*

IBERIS Linifolia L.

IBERIS
LINIFOLIA.
IBÉRIDE *LINIÈRE.*

ORDRES SYSTÉMATIQUES

DE TOURNEFORT.	VON LINNÉ.	DE JUSSIEU.
Cl. V. Sect. 2. G. 1. *Thlaspi.*	Cl. XV. Ordre 1. Siliculeuses.	Cl. XII. Ord. 3. les Cruciformes.

DESCRIPTION.

ENVELOPPE, aucune.

CALICE. *Périanthe* (F) de quatre feuilles égales, inférieures, elliptiques, concaves, bordées d'un feuillet membraneux (4), blanchâtre ou purpurin. Toutes ces feuilles tombent de bonne heure.

COROLLE. *Quatre pétales* (P) inégaux, caducs, purpurins, elliptiques; les deux plus grands ont leur limbe en ellipse alongée, & sont terminés à leur insertion par un onglet effilé presque cylindrique; les deux plus petits (U) sont aussi en ellipse par le limbe, mais l'ellipse est plus courte; l'onglet est, comme aux grands pétales, retréci en forme de fil presque cylindrique.

ETAMINES. *Six filets* (H) cylindriques presque aussi longs que les pétales; quatre de ses filets sont plus longs, égaux entre eux, placés sur les faces plates du germe, deux de chaque côté; les deux plus courts sont situés un de chaque côté vis-à-vis l'angle du fruit; ces deux filets sont courbés en demi-arc, à cause de deux glandes que l'on observe à la base. Voyez *nectar. Six anthères* elliptiques jaunâtres.

PISTIL. *Un germe* (5) pyriforme, comprimé, lisse, *un style* cylindrique, *un stigmate* entier (E) en tête obtuse, & persistant.

NECTAR. *Six glandes* rangées autour de la base du germe: deux circulaires en bourrelet se font appercevoir au bas de deux petites étamines; quatre autres plus petites sont situées à la base des quatre grandes étamines, une à une sur le dos des filets entre eux & le calice.

PÉRICARPE. *Silicule* ovoïde, aplatie, tronquée & échancrée en deux cornes par sa partie supérieure; cette silicule est partagée en deux loges par une cloison mitoyenne, & s'ouvre en deux valves; chaque valve est en nacelle.

RÉCEPTACLE. *Cloison* mitoyenne lancéolée, terminée par le pistil qui persiste.

SEMENCES, plusieurs dans chaque loge, oviformes, de couleur jaunâtre.

RACINE. *Fibre* cachée sous terre & y pivotant en formant une S plus ou moins bien sensible, partie inférieure garnie de fibrilles capillacées.

TRONC. *Tige* branchue, rarement ramifiée, verticale, cylindrique, feuillée, lisse; branches simples, obliques & aussi feuillées.

FEUILLES, de deux sortes: les inférieures, presque radicales, sont lancéolées, dentées légèrement à leurs bords, très-glabres, un peu pétiolées & garnies d'une nervure qui en occupe le milieu; les feuilles caulinaires sont linéaires, très-étroites, un peu pétiolées, un peu obtuses, & garnies aussi dans le centre d'une nervure; les feuilles brachiales sont presque toujours sessiles, beaucoup plus étroites que les caulinaires, & moins obtuses.

SUPPORTS.
- *Armes*, *Stipules*, *Bractées*, aucune.
- *Pétioles*, très-courts, applatis, & qui ne paroiſſent être que la continuation des feuilles; les feuilles brachiales ſont ſeſſiles.
- *Péduncules*, pluſieurs rapprochés en panicule preſque ombellée chacun eſt cylindrique, uniflore. *Voyez* port.
- *Vrilles*, aucune

PORT. D'une *racine* ſort une ſeule & unique tige verticale feuillée, plus pluſieurs feuilles diſpoſées preſque en roſette ſur terre; ces feuilles périſſent ſouvent à la ſortie des branches; ſouvent de la racine ou de la partie inférieure de la tige ſortent des branches obliques très-ſimples; le haut de la tige eſt garni auſſi de branches obliques; ces branches ſont très-rarement ramifiées; les feuilles ſont alternes, diſtantes, horizontales & obliques; les fleurs ſont terminales & diſpoſées en panicule arrondie.

LIEU. Cette plante ſe trouve dans les endroits élevés & ſablonneux des provinces méridionales de la France. M. Garidel l'indique aux environs d'Aix en Provence, au haut des collines de *Cramedo* & dans le terroir de *Meiruel*. Elle croit auſſi aux environs de Montpellier.

VÉGÉTATION. Cette plante ſort de terre en mai; elle fleurit en juin & juillet; les graines ſont mûres en ſeptembre. Toute la plante périt pour ne plus reparoître: elle eſt annuelle.

PROPRIÉTÉS.
- *Odeur;* la plante froiſſée entre les doigts a une odeur herbacée tirant ſur l'odeur d'ail; les fleurs ſont légèrement odorantes.
- *Saveur;* toute la plante eſt âcre, amère au goût, mais principalement les fruits.

ANALYSE, VERTUS, USAGE, inconnus.

ETYMOLOGIE. *Iberis*, nom d'une ville. (*Voyez* la page 6). *Linifolia*, à feuille de lin, nom ſpécifique donné à cette eſpèce, à cauſe de la forme linéaire de ſes feuilles caulinaires.

NOM GÉNÉRIQUE PHYTONOMATOTECHNIQUE.

VEHPUHFUALIRE.

SYNONYMIE.

IBERIS (*linifolia*) *herbacea, foliis caulinis linearibus integerrimis, radicalibus ſerratis; caule paniculato; corymbis hemiſphœricis. Gauan. Illus. 41 Linn. Syſt. Plant. 3. 231. id. Spec. Pl. 905. Gerard. Flor. Gal. Prov. 355. n°. 4. Murrai Syſt. Veget. ed. 14. 589. Sauvag. Flor. Monſ. 72. n°. 409. Crantz. Crucif. 73.*

——— *cretica. Gouan. Hort. Monſp. 379.*

THLASPI *creticum foliis indiviſis, ſeu lini amarum J, B. Hiſt. 2. 924.*

——— *luſitanicum umbellatum gramineo folio, flore purpuraſcente. Tourn. Inſt. 213. Garidel. Aix. 459. tab. 105. Rai. Hiſt. 3. 417. n°. 6.*

——— *luſitanicum umbellatum gramineo folio, flore albo. Tourn. Inſt. 213.*

——— *luſitanicum umbellatum gramineo folio. Tourn. Elem. pag. 182.*

IBERIDE linière. Lam. Fl. Fr. 2. 673.

Nota bene. L'*Iberis linifolia* de Müller, Dict. d'Agricult., ne doit point être rapportée à l'eſpèce que nous venons de décrire.

IBERIS Umbellata

IBERIS
UMBELLATA.
IBERIDE *OMBELLÉE.*

ORDRES SYSTÉMATIQUES

DE TOURNEFORT.	VON LINNÉ.	DE JUSSIEU.
Cl. V. Sect. 2. Genre 1. *Thlaspi.*	Cl. XV. Ordre 1. Siliculeuses.	Cl. XII. Ord. 2. les Cruciformes.

DESCRIPTION.

ENVELOPPE, aucune.

CALICE. *Périanthe* (F) de quatre feuilles égales, entières, lisses, concaves, arrondies par le bout, insérées sous le germe, moins grandes que les pétales, & qui tombent en même temps que la corolle; deux de ces feuilles (7) sont bossuées & insérées plus bas que les deux autres, à cause de la bosse que forment les deux petites étamines.

COROLLE. *Quatre pétales* (N) inégaux, sur-tout aux fleurs qui bordent le corymbe, presque égaux aux fleurs du centre du corymbe; les deux pétales extérieurs, c'est-à-dire, les deux plus grands, sont égaux entre eux (2), & sont formés d'un limbe elliptique horizontal & d'un onglet très-court & presque cylindrique; le passage du limbe à l'onglet se fait brusquement, & non pas en se retrécissant insensiblement; les deux petits pétales (3) ont leur limbe arrondi, & l'onglet retréci comme les grands pétales; ces quatres pétales sont disposés deux à deux, de manière que les grands pétales forment une espèce de lèvre, & les deux petits en forment une seconde.

ETAMINES. *Six filets* (H) inégaux : deux sont plus courts, à cause d'une courbure qu'ils prennent pour parcourir les côtés du germe; ils sont situés un de chaque côté vis-à-vis des côtés amincis du germe; quatre autres ont l'air plus grands, à cause qu'ils sont droits: ceux-ci sont situés deux à deux à chaque face aplatie du germe; chacun de ces filets (4) est cylindrique & plus grand que le germe. *Six anthères* (5) cordiformes posés sur les filets un peu en bequille.

PISTIL. *Un germe* ovoïde, aplati, aigu, lisse, *un style* persistant, d'abord pyramidal, puis cylindrique, aussi long que le germe; *un stigmate* arrondi ou obtus (E).

NECTAR. *Six glandes* (8) situées deux sur le dos des grandes étamines, une de chaque côté; quatre disposées deux à deux aux côtés de chacune des petites étamines; souvent nous n'avons trouvé que deux glandes en forme de bourrelet situées autour du bas des filets des petites étamines.

PÉRICARPE *Silicule* elliptique, aplatie, biloculaire, entière par sa base, échancrée & terminée par deux cornes & le pistil par le haut (6); cette silicule s'ouvre en deux valves (C) concaves, creusées en bateau.

RÉCEPTACLE. *Cloison* (E) lancéolée, très-entière, beaucoup plus étroite que le péricarpe, & posée dans une direction opposée à sa largeur.

SEMENCES. Ordinairement *quatre graines* (R), deux de chaque côté de la cloison; elles sont oviformes, très-lisses.

RACINE. Plusieurs *fibres* cylindriques, chevelues, peu enfoncées dans terre, mais écartées l'une de l'autre; toutes partent d'une forme de racine pivotante.

TRONC. *Tige* verticale, herbacée, pleine ordinairement, très-forte, branchue, souvent ramifiée, feuillée, surface striée de plusieurs stries ou cannelures très-rapprochées.

FEUILLES. Très-simples ; les caulinaires (fig. 1) inférieures sont lancéolées, dentées à dents de scie vers le milieu supérieur, & un peu plus élargies à cet endroit, plus étroites & entières à la base ; cette partie est retrécie en pétiole ; les surfaces sont glabres, garnies d'une nervure qui se ramifie ; les feuilles brachiales sont lancéolées, aigües & très-entières ; celles-ci sont glabres, sessiles, & garnies d'une nervure mitoyenne.

SUPPORTS.
- *Armes*, *Stipules*, *Bractées*, aucune.
- *Pétioles*; toutes les feuilles se retrécissent par la base ; mais il n'y a que les feuilles inférieures qui forment de véritables pétioles.
- *Péduncules*; plusieurs rassemblés au haut des branches & rameaux ; chacun est uniflore, cylindrique.
- *Vrilles*, aucune.

PORT. *D'une racine* sort ordinairement une seule tige verticale droite, feuillée de feuilles dentées ; cette tige produit nombre de branches qui s'étendent sur tous sens ; la portion de la tige au dessus des branches donne des feuilles différentes des inférieures ; celles-ci & celles des branches sont entières ; les branches produisent souvent des rameaux ; les feuilles, les branches & les rameaux sont alternes ; les fleurs sont terminales, très-rapprochées, disposées en corymbe ; mais les pédoncules sont si rapprochés, qu'ils donnent au corymbe la forme d'une ombelle ; les fruits ont la même disposition que les fleurs.

LIEU. Originaire de *Crète*, de *Candie* ; transportée & cultivée dans nos parterres, où elle fait un joli effet par ses fleurs ; mais un fort désagréable par ses fruits, à cause qu'alors elle a l'air disséquée & dépérissante. Aussi les jardiniers ont grand soin de l'arracher & de la jeter dans les environs, où elle se sème ; ce qui fait qu'on la rencontre quelquefois à la campagne aux environs de Paris.

VÉGÉTATION. On sème cette plante en mai, juin ; elle fleurit un mois après qu'on l'a semée ; les fleurs durent peu, c'est-à-dire, tout au plus un mois ; puis la plante dépérit ; la durée entière ne passe presque jamais cinq mois.

PROPRIÉTÉS.
- *Odeur* ; toute la plante froissée a une odeur d'herbe mêlée d'ail ou de moutarde.
- *Saveur* ; toute la plante est âcre & amère au goût, mais sur-tout les semences.

ANALYSE, VERTUS, USAGE, DOSE, inconnus.

ETYMOLOGIE. *Iberis*, nom d'une ville. Voyez la page 6. *Umbellata*, ombellée, à cause que les corymbes formés par les fleurs ressemblent au premier abord à des ombelles.

NOM GÉNÉRIQUE PHYTONOMATOTECHNIQUE.

VEHPUHFUALIRE.

SYNONYMIE.

IBERIS (*umbellata*) *herbacea ; foliis lanceolatis acuminatis inferioribus serratis ; superioribus integerrimis. Linn. Syst. Plant. 3. 230. id. Spec. Plant. 906. Mur. Syst. Veget. ed. 14. 589. Mil. n°. 3. Crantz Crucif. 73. Gouan. Hort. 319.*

THLASPI *umbellatum creticum iberidis folio. C. B. Pag. 106. Barel. Icon. 893 fig. 1. Mor. Hist. 2, 295. sec. 3 ; tab. 17, fig. 21. Lob. Icon. 216.*

——— *Creticum quibusdam flore rubente & albo. J. B. Hist. 2. pag. 924. Tourn. Inst. 213.*

IBERIDE ombellée, Taraspi des jardiniers.

IBERIS Amara. L.

IBERIS
AMARA.
IBERIDE *AMERE.*

ORDRES SYSTÉMATIQUES

DE TOURNEFORT.	VON LINNÉ.	DE JUSSIEU.
Cl. V. Sect. 2. Genre 1. *Thlaspi.*	Cl. XV. Ordre 1. Siliculeuses.	Cl. XII. Ord. 2. les Cruciformes.

DESCRIPTION.

ENVELOPPE, aucune.

CALICE. *Périanthe* inférieur (G) de quatre feuilles concaves légèrement inégales ; deux opposées sont un peu plus étroites & plus courtes ; deux aussi opposées sont plus grandes (6), ployées en demi-arc ; toutes sont violâtres, ouvertes, obtuses, bordées de blanc, & tombent en même temps que les pétales,

COROLLE. *Quatre pétales* inégaux, (V) inférieurs : deux sont placés à côté l'un de l'autre, sont plus grands, formés d'un limbe en œuf renversé & d'un onglet presque cylindrique (U); deux plus petits aussi à côté l'un de l'autre ; ceux-ci ont leur limbe presque elliptique & l'onglet rétréci & presque cylindrique ; ces quatres pétales sont disposés de manière que les petits sont tournés du côté interne du corymbe, & les deux grands occupent le côté externe. L'arrangement de ces pétales donne à chaque fleur la figure de deux lèvres, dont une plus petite formée par les petits pétales, une grande composée des deux grands.

ETAMINES. *Six filets* (H) inégaux : deux sont opposés un à un, & sont les plus courts ; ceux-ci sont courbés en portion d'arc, & s'écartent des angles du germe, à cause des deux glandes dont nous parlerons au mot nectar. Les quatre autres sont égaux entre eux, plus grands que les deux premiers, & sont opposés deux à deux vis-à-vis des deux faces aplaties du germe ; tous sont cylindriques (2) & blancs. *Six anthères* (3) cordiformes jaunâtres.

PISTIL. *Un germe* ovoïde, comprimé, lisse ; *un style* cylindrique de la hauteur des grandes étamines ; *un stigmate* arrondi en tête (E).

NECTAR. *Deux glandes* (5) situées à la base de chacune des petites étamines ; ces glandes y forment un demi-bourrelet ; quelquefois *deux autres glandes* se font remarquer, une de chaque côté, à la base des grandes étamines, à la face externe.

PÉRICARPE. *Silicule* presque orbiculaire, comprimée, échancrée par le haut en deux cornes, & divisée intérieurement en deux loges par le réceptacle. Ce péricarpe s'ouvre en deux valves : chacune est concave en bateau, & bordée d'un feuillet membraneux à son dos ; chaque loge renferme une seule graine.

RÉCEPTACLE. *Cloison* mitoyenne opposée à la largeur du péricarpe, & qui partage cette largeur en deux loges égales : cette cloison est membraneuse & beaucoup plus étroite que le fruit ; elle est surmontée du pistil qui persiste.

SEMENCES. *Deux graines* ovoïdes, lisses, rougeâtres, situées une dans chaque loge du péricape.

RACINE. *Une fibre* principale, cylindrique, flexueuse, dure, garnie de plusieurs fibriles latérales déliées.

TRONC. *Tige* cylindrique, flexueuse, cannelée, branchue, ramifiée & feuillée.

FEUILLES. Très-simples, lancéolées, légèrement pétiolées, découpées au tiers supérieur en trois ou cinq dents: deux latérales opposées, & une terminale, qui est la plus large, obtuse; le reste de la feuille est très-entier, surfaces lisses garnies d'une nervure mitoyenne; les bords sont souvent ciliés, sur-tout du côté de la base.

SUPPORTS.
- *Armes*, *Stipules*, *Bractées*, aucune.
- *Pétioles*; très-courts, aplatis supérieurement, convexes à leur surface inférieure.
- *Pédoncules*; plusieurs, uniflores, égaux ou presque égaux, cylindriques, rapprochés & disposés en grappe. *Voyez* port.
- *Vrilles*, aucune.

PORT. *D'une racine* ne sort ordinairement qu'une seule tige flexueuse, verticale ou couchée, laquelle se divise en branches si ouvertes, qu'elles sont presque horizontales : celles-ci se divisent en rameaux; toutes les branches & rameaux sont alternes; les feuilles sont alternes; les fleurs sont terminales, & forment tantôt des corymbes & tantôt des grappes; les fruits sont toujours en grappes écourtées.

VÉGÉTATION. Sort de terre en mai, fleurit en juin-juillet; on en trouve encore en septembre; les graines sont mûres de juillet à septembre; la plante périt : elle est annuelle.

LIEU. Tous les terrains; arides & secs elle y est très-chétive, au lieu qu'aux terrains plus gras elle y vient plus considérable. Celle dont nous donnons la figure fut cueillie dans un terrain gras & humide.

PROPRIÉTÉS.
- *Odeur*; toute la plante est inodore : froissée dans les doigts, elle manifeste une odeur d'herbe mêlée d'ail.
- *Saveur*; toute la plante est âcre au goût, & amère.

ANALYSE, VERTUS, USAGE, DOSE, inconnus.

ETYMOLOGIE. *Iberis*, nom d'une ville. Voyez la page 6. *Amara*, amère, parce que cette espèce a une saveur amère.

NOM GÉNÉRIQUE PHYTONOMATOTECHNIQUE.

VEHPUFUALILE.

SYNONYMIE.

IBERIS (*amara*) *herbacea; foliis lanceolatis acutis subdentatis, floribus racemosis. Mur. Syst. Veget. ed. 14. 589. Linn. Syst. Plant. 3. 230. id. Spec. 906. Mil. dic. n°. 6. Gouan. Hort. 319. id. Flor. Monsp. 178. Sauvag. met. fol. 72, n° 411, idem 282. n°. 99 Crantz Crucif. 74.*

—— *Foliis obverse lanseolatis, floribus unbellatis. Guet. stamp 2. 146.*

—— *Foliis dilatatis, dentatis, floribus umbellatis. Hal. Hel. n°. 520.*

THLASPI *umbellatum arvense iberidis folio. C. B. Pin 106. Mor Hist. 2. 295.*

—— *umbellatum arvense amarum. J. B. Hist. 2, pag. 925. Tourn. Inst. 213.*

IBERIDE amère. *Lam. 2. 672.*

TARASPI mineur des jardiniers.

IBERIS Pinnata. L.

IBERIS
PINNATA.
IBÉRIDE PINNÉE.

ORDRES SYSTÉMATIQUES

DE TOURNEFORT.	VON LINNÉ.	DE JUSSIEU.
Cl. V. Sect. 2. G. 1. *Nasturtium.*	Cl. XV. Ordre 1. *Siliculeuses.*	Cl. XII. Ord. 3. les Cruciformes.

DESCRIPTION.

ENVELOPPE, aucune.

CALICE. *Un périanthe* (F) inférieur de quatre feuilles ovoïdes, concaves, presque égales, lisses, & qui tombent avec les pétales (5).

COROLLE. *Quatre pétales* (V) inégaux : deux sont plus grands, égaux entre eux, placés à côté l'un de l'autre, & formant à eux deux une espèce de lèvre, pendant que les deux autres, qui sont plus petits, aussi égaux entre eux, forment une seconde lèvre ; de sorte que cette fleur est, selon notre troisième tableau, rangée dans les fleurs polipétales labiées, ou dont la disposition des pétales forme deux lèvres. Les deux grands pétales (U) sont formés d'un limbe ovoïde renversé, & d'un onglet cylindrique, grêle, de la longueur du limbe. Les deux petits pétales (2), au contraire, ont leur limbe presque orbiculaire, mais l'onglet aussi presque cylindrique, filiforme. Ces quatre pétales sont insérés sous le germe, & tombent de bonne heure.

ETAMINES. *Six filets* (H) de la longueur du germe ; quatre de ces filets sont plus grands, égaux entre eux, situés deux de chaque côté aplati du germe ; deux autres filets plus courts sont placés vis-à-vis des deux angles du germe, un de chaque côté ; chaque filet (3) est cylindrique, lisse. *Six anthères* arrondies, & qui s'ouvrent par les côtés (4).

PISTIL. *Un germe* en œuf renversé (6), lisse, un peu échancré en cœur au sommet ; *un style* cylindrique de la hauteur des étamines, & excédant du double le germe ; *un stigmate* en tête (E).

NECTAR. *Deux glandes* au bas des petites étamines.

PÉRICARPE. *Silicule* comprimée, orbiculaire, fortement échancrée supérieurement, & garnie du style qui persiste : cette silicule est divisée en deux loges par une cloison mitoyenne opposée à la largeur du fruit ; elle s'ouvre en deux valves naviculaires.

SEMENCES. *Une seule graine* dans chaque loge du péricarpe ; cette graine est ovoïde, lisse.

RÉCEPTACLE. *Cloison* mitoyenne élancée, très-entière, moins large que la silicule, & surmontée d'un style aussi long qu'elle.

RACINE. *Fibre* principale cylindrique, pivotante, solide, ferme, dure, terminée par des fibres plus grêles, horizontales, ramifiées.

FEUILLES, toutes plus ou moins composées, presque pinnées : les inférieures caulinaires sont pinnatifides de deux à cinq, sont foliolifornes de chaque côté ; les supérieures ou brachiales, pinnéfides de deux folioles de chaque côté ; enfin les supérieures ou des rameaux ne sont souvent que dentées de deux dents, une de chaque côté ; toutes les pinnules sont un peu charnues, succulentes, portées par une nervure foliacée, moyenne, linéaire,

& terminée par une foliole impaire, plus longue que les folioles latérales.

TRONC. *Tige* verticale, flexueuse, cylindrique, souvent peu élevée, mais alors extrêmement branchue, branches obliques, presque toujours plus élevées que la tige, souvent ramifiées à leurs extrémités; ces branches & rameaux sont aussi cylindriques.

SUPPORTS.
- *Armes*, *Stipules*, *Bractées*, aucune.
- *Pétioles*, très-longs & communs, à plusieurs folioles, ou, pour mieux dire, le pétiole de ces feuilles ressemble à une feuille extrêmement étroite, d'où, à l'extrémité ou au tiers supérieur, il naîtroit cinq folioles sessiles, quatre latérales, une terminale; linéaires, courtes, très-entières, & faisant suite & corps avec la feuille déliée qui fait les fonctions de pétiole commun.
- *Pédoncules*, plusieurs, grêles, très-nombreux, cylindriques, rassemblés en corymbe arrondi au haut de la tige, des branches & des rameaux.
- *Vrilles*, aucune.

PORT. D'une *racine* pivotante sortent plusieurs feuilles pétiolées, pinnées, ou pinnatifides; ces feuilles sont couchées sur terre & se dessèchent avant le développement des rameaux; du milieu de ces feuilles sort une tige verticale d'abord simple, mais qui, peu de temps après, produit un grand nombre de branches éparses çà & là autour de la tige, & à différens étages, même assez près de terre; ces branches poussent ensuite des rameaux qui sont terminés par les fleurs: souvent d'une même tige sortent plusieurs racine; alors chaque tige est moins branchue que si la racine n'en poussoit qu'une seule; les feuilles sont alternes; les branches & rameaux sont aussi alternes & axillaires; les fleurs sont terminales & disposées en panicules très-resserrées, arrondies.

VÉGÉTATION. La plante que nous venons de décrire sort de terre en mars-avril, commence de fleurir en mai; continue jusques de juillet à août; les graines sont mûres en août-septembre. La plante périt pour ne plus reparoître.

LIEU. Les terrains sablonneux, les champs cultivés, parmi le blé des provinces méridionales de la France, & aux collines.

PROPRIÉTÉS.
- *Odeur;* toute la plante froissée a une odeur semblable au cresson des jardins
- *Saveur;* la racine, les feuilles & la tige sont amères & âcres au goût.

ANALYSE, inconnue.

VERTUS, USAGE, DOSE, Les anciens lui attribuent les mêmes propriétés qu'au cresson; mais ils le soupçonnoient plus actif, par conséquent ils l'administroient à moindres doses.

ETYMOLOGIE. *Iberis*, nom d'une ville. *Pinnata*, pinnée, à cause que les feuilles de cette plante sont découpées par les côtés en barbe de plume.

NOM GÉNÉRIQUE PHYTONOMATOTECHNIQUE.

VEHPUCFUALIRE.

SYNONYMIE.

IBERIS (*pinnata*) *herbacea, foliis pinnatifidis Linn. Syst. Plant. 3. 232. id. Spec. Pl. 907. Mur. Syst. Veget. ed. 14. 589. Gauan. Flor. Monsp. 178. id. Hort. 319.*

——— *Foliis linearibus apice pinnatifidis. Sauv. Met. Fol. 228 id 281.*

NASTURTIUM *sylvestre Dalechampi. 655. Tourn. Inst. 213. Garid. 327.*

THLASPI *alterum umbellatum, minus folio nasturtii. Lob. Icon. 218.*

IBERIDE pinnée. *Lam. Flor. 2. 673.*

IBERIS Nudicaulis *L.*

IBERIS
NUDICAULIS.
IBERIDE *Nudicaule.*

ORDRES SYSTÉMATIQUES

DE TOURNEFORT.	VON LINNÉ.	DE JUSSIEU.
Cl. V. Sect. 2. G. 2. *Nasturtium.*	Classe XV. Ordre 1. *Siliculosæ.*	Cl. XII. Ord. 3. les Cruciformes.

DESCRIPTION.

Enveloppe, aucune.

Calice. *Un périanthe* inférieur (G) de quatre feuilles égales, ovoïdes, entières, petites, concaves, pointues & bordées de blanc (5); ces feuilles tombent en même temps que les pétales.

Corolle. *Quatre pétales* (V) visiblement inégaux : deux sont plus grands, deux sont plus petits, situés à côté les uns des autres, savoir, deux petits ensemble, & les deux grands aussi ensemble. Chacun de ces pétales est en œuf renversé (U), terminé inférieurement par un onglet, lequel est formé par la diminution insensible du limbe de chaque pétale; tous les pétales sont attachés sous le germe, & tombent de bonne heure.

Etamines. *Six filets* (H) inégaux, cylindriques : deux sont plus courts, & occupent les deux vis-à-vis des angles du germe, un de chaque côté; les quatre autres sont plus grands, égaux entre eux; ils occupent les deux faces aplaties du germe, deux à deux de chaque côté; *six anthères* (6) arrondies; *poussière fécondante* d'un blanc jaunâtre.

Pistil. *Un germe* presque orbiculaire, lisse; *aucun style*, ou du moins il est très-court; *un stigmate* (E) arrondi & persistant.

Nectar. *Six écailles* (7) pétaliformes placées une sur le bas de chaque filet.

Péricarpe. *Silicule* presque orbiculaire (2), échancrée supérieurement, comprimée, bordée d'un feuillet ou rebord membraneux; cette silicule est divisée dans sa largeur en deux loges égales, par une cloison (4) placée verticalement dans un sens opposé à la largeur du fruit (*voyez* réceptacle), & s'ouvre en deux valves (C. C.) concaves. Chaque loge renferme plusieurs graines.

Réceptacle. *Cloison* (4) mitoyenne, lancéolée, entière, beaucoup plus étroite que le péricarpe, & qui le divise en deux loges égales, en coupant son grand diamètre en deux.

Semences. *Plusieurs graines* (3) arrondies, rousses ou rougeâtres.

Racine. *Fibre* principale perpendiculaire, pivotante, plus ou moins ramifiée de fibriles plus déliées.

Tronc. *Hampe* ordinairement verticale, absolument nue; une ou deux *tiges* accompagnent ordinairement cette hampe, & sortent de la même racine. Celles-ci produisent chacune une ou deux feuilles. *Voyez* port.

Feuilles, de deux ou trois sortes : dans les radicales, on en voit souvent de très-simples, pétiolées & en forme de spatule, très-entières; de plus, on y en trouve constamment de lancéolées, découpées très-profondément en aile, quelquefois même si profondément découpées, qu'elles sont véritablement ailées : ces feuilles sont pétiolées, & leur disque est profondément & latéralement sinué en quatre ou six parties, se regardant & formant des angles droits avec la côte moyenne ; l'impaire qui termine la feuille eft la plus grande : celle-ci eft arrondie, obtufe, pendant que les autres font étroites & pointues; les feuilles caulinaires, lorfqu'il en exifte, font feffiles, lancéolées, très-entières ou légèrement dentelées à leurs bords : toutes ces feuilles font garnies d'une nervure mitoyenne.

SUPPORTS.
- *Armes*, *Stipules*, *Bractées*, aucune.
- *Pétioles*, de très-longs aux feuilles entières ; ceux-ci font aplatis & garnis d'une petite gouttière fupérieurement cylindrique, inférieurement de moins longs aux feuilles pinnées ou pinnatifides, & enfin nuls aux feuilles caulinaires.
- *Pédoncules*, plufieurs rapprochés en tête ou grappe. *Voyez* port. Chaque pédoncule eft grêle, folitaire, uniflore, cylindrique.
- *Vrilles*, aucune.

PORT. D'une *racine* fortent plufieurs feuilles couchées fur terre ; ces feuilles font difpofées en rofette autour des tiges : plus il en fort une hampe verticale nue ; cette hampe produit des fleurs difpofées en tête ; mais à mefure que les fleurs fe paffent, la hampe s'alonge, & les premiers pédoncules alors forment une grappe ou épi lâche pendant que les fleurs continuent de s'élever en tête, ou pour mieux dire, en petit corymbe ; pendant ce temps-là il fort de la racine deux tiges ; celles-ci font véritablement deux tiges, car elles font toujours accompagnées d'une ou deux feuilles qui en occupent le milieu ; ces tiges font obliques, & produifent, comme la hampe, des fleurs en petite tête & des fruits en grappes.

VÉGÉTATION. Cette plante fort de terre en mars-avril, fleurit en avril-mai ; fes femences font mûres de juin à feptembre ; la plante périt pour ne plus reparoître ; elle vit tout au plus cinq mois.

LIEU. Elle vient aux terres fablonneufes prefque par toute la France, au bois de Boulogne du côté de Madrid près de Paris, à Romainville, enfin très-commune aux moulins de Sanois.

PROPRIÉTÉS.
- *Odeur* ; toute la plante froiffée a une légère odeur de creffon.
- *Saveur* ; toutes les parties mâchées font légèrement piquantes, herbacées, & d'une faveur analogue à celle du creffon, mais plus douce.

ANALYSE, VERTUS, USAGE, DOSE, inconnus.

ETYMOLOGIE. *Iberis*, nom d'une ville. *Voyez* la page 6. *Nudicaulis*, de *nudus*, nu, & *caulis*, tige ; tige nue, parce que cette efpèce eft de toutes les *iberis* celle qui a le moins de feuilles à la tige, puifque fouvent même cette tige n'a point de feuilles.

NOM GÉNÉRIQUE PHYTONOMATOTECHNIQUE.

VEHPUFUALILE.

SYNONYMIE.

IBERIS (*nudicaulis*) *herbacea, foliis finuatis, caule nudo fimplici. Mur. Syft. Veget. ed. 14. 589. Linn. Syft. Plant. 3. 232. id. Spec. Plant. 907. Mil. Diction, n°. 5. Gouan. Flor. Monfp. 178. id Hort 319. Dalibert. Par. 195.*

——— *foliis pinnatis pinnis ovatis acutis. Hal. Helv. n°. 521.*

NASTURTIUM *minus alatis foliis. Pluk. Almaget. 262.*

BURSA *paftoris minor, foliis incifis C. B. Pen. 108. Mognol. Bot. Monfp. 43.*

IBERIS Bursifolia. *B.*

IBERIS

BURSIFOLIA.

IBERIDE *BOURSIFORME.*

ORDRES SYSTÉMATIQUES

DE TOURNEFORT.	VON LINNÉ.	DE JUSSIEU.
Cl. V. Sect. 2. G. 2. *Nasturtium.*	Cl. XV. Ord. 1. les Siliculeuses.	Cl. XII. Ord. 3. les Cruciformes.

DESCRIPTION.

ENVELOPPE Aucune.

CALICE. *Périanthe* (G) inférieur de quatre feuilles égales, ovoïdes ou elliptiques, entières, un peu obtuses, concaves & bordées d'un feuillet blanc.

COROLLE. *Quatre pétales* (V) très-visiblement inégaux : deux sont plus grands, situés à côté l'un de l'autre ; deux sont plus petits, & sont aussi placés à côté l'un de l'autre ; chacun de ces pétales (U) est ovoïde, renversé, terminé inférieurement & insensiblement en un onglet pointu qui va s'attacher sous le germe.

ETAMINES. *Six filets* (H) inégaux : deux sont plus petits, & occupent le vis-à-vis des angles du germe ; quatre sont plus longs, & sont placés deux à deux vis-à-vis des faces aplaties du germe ; chaque filet est cylindrique. *Six anthères* arrondies (3).

PISTIL. *Un germe* (4) presque orbiculaire, lisse ; *aucun style : un stigmate* en tête couronne le germe (E).

NECTAR. *Six écailles* (2) pétaliformes attachées une au bas de chaque filet.

PÉRICARPE. *Silicule* émarginée au sommet (6), presque orbiculaire, comprimée, bordée d'un rebord très-visible, divisée intérieurement en deux loges par une cloison moyenne posée dans le sens contraire à la largeur du fruit ; cette silicule s'ouvre en deux valves (CC) concaves en bateau ; chaque loge renferme plusieurs graines.

RÉCEPTACLE. *Cloison* mitoyenne, lancéolée, moins large que le péricarpe, placée dans la silicule, de manière qu'elle coupe son grand diamètre en deux (5).

SEMENCES. *Plusieurs graines* arrondies, rougeâtres (Z).

RACINE. *Une fibre* verticale, branchue & ramifiée.

TRONC. *Plusieurs tiges* très-simples ; une partie sont verticales ; les autres sont obliques, presque couchées ; chacune de ces tiges est cylindrique, garnie seulement d'une seule feuille, & produit plusieurs fleurs.

FEUILLES. De deux ou trois sortes, savoir : de radicales premières ; celles-ci sont ordinairement à trois lobes ; de radicales secondes, qui sont sinuées profondément & comme pinnatifides ; les découpures latérales font angle droit avec la portion du disque qui fait portion de côte moyenne : la quantité des découpures varie, mais le plus ordinairement on y en trouve quatre de chaque côté ; la découpure terminale est la plus grande, la plus large, & se termine en pointe : toutes ces feuilles sont soutenues par des pétioles assez longs, & qui se terminent en une nervure moyenne ; enfin cette plante a seulement une feuille à chaque tige ; celle-ci est sessile, lancéolée, presque linéaire, dentée à dents de scie à son bord : l'extrémité est pointue.

SUPPORTS.
- *Armes*, *Stipules*, *Bractées*, aucune.
- *Pétioles*, très-longs aux feuilles radicales, nuls à la feuille caulinaire ; ces pétioles sont semi-cylindriques, garnis d'une gouttière à la face supérieure.
- *Pédoncules*, plusieurs rassemblés au haut des tiges; chacun est cylindrique, uniflore, oblique.
- *Vrilles*, aucune.

PORT. D'une racine commune sortent plusieurs feuilles rangées en forme de rosette sur terre ; plus, plusieurs tiges, les unes verticales, les autres obliques; chacune de ces tiges est très-simple, sans branches ni rameaux ; au milieu de cette tige se trouve une feuille sessile, oblique; les fleurs sont terminales en petit corymbe; les fruits sont rangés en grappes étagées.

VÉGÉTATION. Cette plante sort de terre en mars-avril; elle fleurit d'avril à juin; les graines sont mûres de juin à septembre ; la plante périt ensuite pour ne plus reparoître.

LIEU. Les terres sablonneuses par toute la France, mais sur-tout aux environs de Paris, au bois de Boulogne & à Belleville.

PROPRIÉTÉS.
- *Odeur ;* toute la plante froissée, a une odeur de cresson.
- *Saveur;* toute la plante mâchée, est âcre, & a un goût tirant sur celui du cresson.

ANALYSE, VERTUS, USAGE, DOSE, inconnus.

ETYMOLOGIE. *Iberis*, nom d'une ville, *bursifolia*, à feuilles de bourse à berger, parce que cette plante a les feuilles découpées comme le thlaspi, bourse-à-berger.

NOM GÉNÉRIQUE PHYTONOMATOTECHNIQUE.

VEHPUCFUANILE.

SYNONYMIE.

IBERIS (*bursifolia*) *herbacea foliis radicalibus pinnatifidis acutis, caulininis, lanceolatis, serratis ; caule simplici.*

——— *Nudicaulis, herbacea, foliis sinuatis, caule nudo simplici. Dalib. Paris 195.*

NASTURTIUM *petrœum foliis, bursa pastoris C, B. Pin. 104. Tourn. Elem. 182. id. Inst. 214. id. Herbor. ed. 1, 121, ed. 2, tom. 1, pag. 207. Fabreg. 5, pag. 261. Vail. Bot. Par. 144. Moris Hist. 2, pag. 301. Pluk. Almag. 262.*

——————— *Petrœum. Rai. Hist. 1, 827.*

IBERIDE bursiforme.

Nota bene. La plante que nous venons de décrire, & l'ibéride nudicaule, page 21, nous paroissent être la même plante : elles ne différent que par leur grandeur. Nous les avons fait peindre toutes les deux séparément, n'ayant pas eu l'occasion de semer l'une pour voir si elle donne l'autre. Voyez ci-après le *Thlaspi corompifolia* & *nudicaule*.

GENRE II.

THLASPI.

Les Tabourets ont un calice de quatre feuilles, une corolle de quatre pétales égaux (1), six étamines (2) inégales, dont deux plus courtes (*caractères classiques*) ; le pistil devient une silicule (*caractères de l'ordre*); cette silicule est comprimée & coupée verticalement, dans sa largeur, en deux panneaux semi-orbiculaires ou triangulaires, par une cloison moins large que le grand diamètre du fruit (*caractères du sous-ordre*) ; enfin ce péricarpe est échancré dans sa partie supérieure (*caractère essentiel*).

Caractères d'approximation.

D'après les caractères que nous venons de reconnoître au genre du Thlaspi, on se trouve forcé d'y rapporter toutes les espèces de passe-rage qui ont leurs péricarpes échancrés dans leur partie supérieure, pour en faire un seul & même genre; sans cette réunion, il seroit impossible de distinguer ces deux genres l'un de l'autre (3). Le genre du Tabouret ainsi composé, ses caractères seront très-distincts, & il sera impossible de le confondre avec les genres voisins; ses pétales égaux l'éloigneront du genre de l'*Iberis*, avec lequel il a de si grands rapports, qu'il est impossible de l'en distinguer, si l'on est privé des caractères fournis par la corolle; ses pétales égaux, sa silicule comprimée, elliptique ou presque orbiculaire, divisée dans sa largeur en deux loges, le confondent avec le genre de la passe-rage; mais l'échancrure que l'on observe à l'extrémité du fruit, & qui ne se trouve point au *Lepidium*, les distingue parfaitement. Les Tabourets peuvent de plus avoir quelques rapports avec le genre des lunetières, mais ses caractères distinctifs sont bien faciles : les fruits du *Biscutella* sont formés de manière que l'on reconnoît parfaitement deux silicules orbiculaires réunies par leur bord au moyen du réceptacle, au lieu ques les Tabourets ont un fruit simple, tout au plus orbiculaire & non biorbiculaire. On a cru trouver quelque ressemblance entre les Tabourets & les Alyssons, mais si l'on fait attention à la situation & à la largeur de la cloison, cette ressemblance disparoîtra promptement : la cloison du Tabouret est plus étroite que le fruit, et elle coupe la largeur en deux : la cloison de l'Alysson est aussi large que ses fruits, & elle coupe l'épaisseur en deux, et non la largeur. D'après ces considérations, on peut réduire le genre du *Thlaspi* aux marques suivantes :

Thlaspi. *Corolle, cruciforme, pétales égaux, silicule échancrée par le sommet, cloison moins large que la silicule.*

Espèces.

1. Thlaspi *coronopifolium.* Tige nue, ou à une feuille; feuilles radicales linéaires, pinnatifides; découpures subulées.
2. ——— *nudicaule.* Tige nue, ou à une ou deux feuilles; feuilles radicales lancéolées; dents penchées vers le sommet de la feuille.
3. ——— *saxatilis.* Tige feuillée; feuilles très-entières, lancéolées ou linéaires; fruit orbiculaire bordé, bordure ondulée; plusieurs graines.
4. ——— *subulatum.* Tige feuillée; feuilles très-entières, subulées; fruit elliptique, sans bordure; deux graines, une dans chaque loge.
5. ——— *arvense.* Feuilles caulinaires amplexicaules, sagittées, glabres; fruit orbiculaire,

---

(1) (2) Un seul individu, le *Thlaspi ruderale*, s'écarte de ces caractères : souvent on le trouve sans pétales, & avec deux étamines au lieu de six.

(3) Si l'on compare la fleur & le fruit du *Thlaspi arvense* L. avec la fleur & le fruit du *Lepidium sativum* du même auteur, on sentira la nécessité qu'il y a de rapporter cette dernière au genre du Thlaspi. Qu'on étende cette comparaison sur le *Lepidium nudicaule*, le *Lepidium ruderale*, le *Lepidium subulatum*, & on trouvera à chacun les mêmes caractères du Thlaspi. On le trouvera aussi aux espèces suivantes : *Lepidium spinosum* L., *L. lyratum* L., *suffruticosum* L., *virginicum* L., *chalepense* L., & *bonariense* L.

bordé tout autour par une membrane mince; pétales légèrement échancrées; plus de dix graines à chaque fruit.

6. THLASPI *perfoliatum.* Feuilles caulinaires amplexicaules, glabres; fruit presque orbiculaire, bordé seulement à la partie supérieure; style persistant plus court que la bordure; étamines plus courtes que les pétales; tige branchue; moins de dix graines à chaque fruit.

7. ——— *alpestre.* Feuilles caulinaires amplexicaules, sagittées, glabres; fruit cordé & bordé; étamines plus longues que les pétales.

8. ——— *alpinum.* Feuilles caulinaires semi-amplexicaules, cordées, glabres; fruit cordé, bordé à la partie supérieure; étamines plus courtes que les pétales; style persistant plus long que la bordure de la silicule; feuilles radicales elliptiques, presque sessiles.

9. ——— *montanum.* Feuilles caulinaires semi-amplexicaules, glabres; fruit cordé, bordé à la partie supérieure; étamines plus courtes que les pétales; style persistant plus long que la bordure du fruit; feuilles radicales spatulées & longuement pétiolées.

10. ——— *campestre.* Feuilles caulinaires sagittées, amplexicaules, incanes; fruit elliptique, glabre, légèrement échancré; style égal en longueur à la bordure.

11. ——— *hirtum.* Feuilles caulinaires sagittées, amplexicaules, velues; fruit elliptique, velu, échancré; style plus long que la bordure.

12. ——— *bursa pastoris.* Feuilles caulinaires sagittées, entières ou nulles; fruit cordé & non bordé d'une membrane.

13. ——— *ruderale.* Feuilles caulinaires pinnées; fruit elliptique, sans bordure; aucun pétale.

14. ——— *nasturtium.* Feuilles caulinaires pinnées; fruit orbiculaire, bordé; pétales très-apparens.

TABLEAU DES TABOURETS.

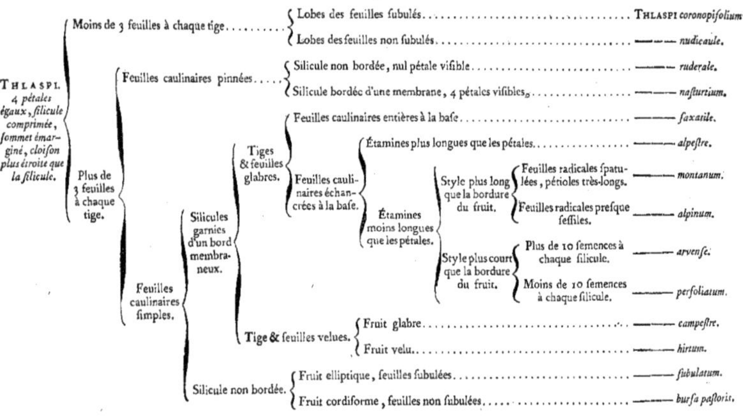

THLASPI. *4 pétales égaux, silicule comprimée, sommet émarginé, cloison plus étroite que la silicule.*

- Moins de 3 feuilles à chaque tige.........
  - Lobes des feuilles subulés........ THLASPI *coronopifolium.*
  - Lobes des feuilles non subulés........ ——— *nudicaule.*
- Plus de 3 feuilles à chaque tige.
  - Feuilles caulinaires pinnées.....
    - Silicule non bordée, nul pétale visible........ ——— *ruderale.*
    - Silicule bordée d'une membrane, 4 pétales visibles........ ——— *nasturtium.*
  - Feuilles caulinaires simples.
    - Silicules garnies d'un bord membraneux.
      - Tiges & feuilles glabres.
        - Feuilles caulinaires entières à la base........ ——— *saxatile.*
        - Feuilles caulinaires échancrées à la base.
          - Étamines plus longues que les pétales........ ——— *alpestre.*
          - Étamines moins longues que les pétales.
            - Style plus long que la bordure du fruit.
              - Feuilles radicales spatulées, pétioles très-longs. ——— *montanum.*
              - Feuilles radicales presque sessiles. ——— *alpinum.*
            - Style plus court que la bordure du fruit.
              - Plus de 10 semences à chaque silicule. ——— *arvense.*
              - Moins de 10 semences à chaque silicule. ——— *perfoliatum.*
      - Tige & feuilles velues.
        - Fruit glabre........ ——— *campestre.*
        - Fruit velu........ ——— *hirtum.*
    - Silicule non bordée.
      - Fruit elliptique, feuilles subulées........ ——— *subulatum.*
      - Fruit cordiforme, feuilles non subulées........ ——— *bursa pastoris.*

THLASPI Nudicaule. *B. LEPIDIUM* Nudicaule &c.

THLASPI
NUDICAULE.
TABOURET Nudicaule.

ORDRES SYSTÉMATIQUES

DE TOURNEFORT.	VON LINNÉ.	DE JUSSIEU.
Cl. V. Sect. 2. G. 2. *Nasturtium.*	Classe XV. Ordre 1. *Siliculosæ.*	Cl. XII. Ord. 3. les Crucifères.

DESCRIPTION.

ENVELOPPE, aucune.

CALICE. *Un périanthe* inférieur (G) de quatre feuilles égales, ovoïdes, entières, petites, concaves, obtuses, bordées de blanc (5); ces feuilles tombent en même temps que les pétales.

COROLLE. *Quatre pétales* (V) égaux : uniformes, à peine plus grands que les feuilles du calice. Chacun de ces pétales est en œuf renversé (U), terminé inférieurement par un onglet, lequel est formé par la diminution insensible du limbe de chaque pétale; tous ces pétales sont attachés sous le germe, & tombent de bonne heure.

ETAMINES. *Six filets* (H) inégaux, cylindriques : deux sont plus courts, & occupent les vis-à-vis des deux angles du germe; quatre sont plus longs, égaux entre eux; ils occupent les deux faces aplaties du germe, deux à deux de chaque côté; *six anthères* (6) arrondies; *poussière fécondante* d'un blanc jaunâtre.

PISTIL. *Un germe* presque orbiculaire, lisse; *un style* très-court; *un stigmate* arrondi (E) & persistant.

NECTAR. *Six écailles* (7) pétaliformes, placées une à une sur le bas de chaque filet des étamines.

PÉRICARPE. *Silicule* presque orbiculaire (2), échancrée supérieurement, comprimée, bordée d'un feuillet ou rebord membraneux; cette silicule est divisée dans sa largeur en deux loges égales, par une cloison (4) placée verticalement dans un sens opposé à la largeur du fruit (*voyez* réceptacle), & s'ouvre en deux valves (C C) Chaque loge renferme deux ou trois graines, mais ordinairement deux.

RÉCEPTACLE. *Cloison* (4) mitoyenne, entière, beaucoup plus étroite que le péricarpe, & qui le divise en deux loges égales, en coupant le grand diamètre en deux.

SEMENCES. *Quatre à six graines* dans chaque péricarpe; elles sont arrondies (3), roussâtres.

RACINE. *Fibre* principale perpendiculaire, pivotante, plus ou moins ramifiée de fibriles plus déliées.

TRONC. *Plusieurs tiges* verticales, cylindriques, garnies d'une à deux feuilles & d'une à deux branches.

FEUILLES, de deux ou trois sortes : parmi les radicales, on en voit de très-simples (9), pétiolées & en forme de spatule; de plus, on y en observe de lancéolées profondément découpées par deux à quatre dents penchées vers la pointe : ces dents sont vis-à-vis les unes des autres, & font avec la pointe des angles aigus; la dent impaire, qui termine la feuille, n'est pas plus grande que les dents latérales; les feuilles caulinaires sont rares, sessiles, lancéolées, très-entières ou légèrement dentées; ces feuilles sont garnies d'une nervure mitoyenne.

SUPPORTS.
- *Armes*, *Stipules*, *Bractées*, aucune.
- *Pétioles*, de très-longs aux feuilles radicales ; ils ſont aplatis ſupérieurement, & cylindriques inférieurement ; les feuilles caulinaires ſont ſeſſiles.
- *Pédoncules*, pluſieurs rapprochés en tête ou grappes. *Voyez* port. Chaque pédoncule eſt grêle, ſolitaire, uniflore, cylindrique.
- *Vrilles*, aucune.

PORT. D'une racine ſortent pluſieurs feuilles rangées autour de la tige ; plus, pluſieurs tiges : ces tiges donnent chacune une à deux feuilles ; de l'aiſſelle de ces feuilles ſortent ſouvent autant de petites branches ; ces branches & la tige ſont terminées par des fleurs diſpoſées en petits corymbes ; il leur ſuccède des fruits diſpoſés en grappes.

VÉGÉTATION. Cette plante ſort de terre en mars-avril, fleurit en avril-mai ; ſes ſemences ſont mûres de juin à août ; la plante périt enſuite pour ne plus reparoître ; elle vit tout au plus quatre mois.

LIEU. Les terrains ſablonneux, aux environs de Montpellier & aux environs de Paris, à Clamar. *Voyez* ci-après le *Thlaſpi coronopifolium*.

PROPRIÉTÉS.
- *Odeur* ; toute la plante, froiſſée, a une légère odeur de creſſon.
- *Saveur* ; la plante, mâchée, eſt légèrement piquante, herbacée & d'une ſaveur aſſez analogue à la ſaveur du creſſon, mais plus douce.

ANALYSE, VERTUS, USAGE, DOSE, inconnus.

ETYMOLOGIE. *Thlaſpi*, du mot grec θλαω, *comprimo*, parce que le fruit des eſpèces de ce genre eſt comprimé ; *nudicaule*, des mots *nudum* & *caule*, tige nue, nom donné à cette eſpèce, parce qu'elle a peu de feuilles à ſa tige en comparaiſon des autres eſpèces de Thlaſpi.

NOM GÉNÉRIQUE PHYTONOMATOTECHNIQUE.

VEHFUXFUALIVE.

SYNONYMIE.

THLASPI (*nudicaule*) *ſcapo ſubnudo, foliis radicalibus lanceolatis, apice ſinuato ſerratis.*

LEPIDIUM (*nudicaule*) *ſcapo nudo ſimpliciſſimo, tetrandis, foliis pinnatifidis L. Syſt. pl.* 216. *Gouan. Flor. Monſp* 187. *id. Hort.* 314. *Buchos, Dict. veget. vol II, pag.* 70. Bonne deſcription.

——— *foliis filiformibus apice pinnatifidis, caule nudo. Sauv. met. fol.* 228, 281.

NASTURTIUM *minimum vernum, foliis tantum circa radicem. Mag. Flor. Monſp.* 187, *tab.* 186. *Tourn. Inſt.* 214.

LE TABOURET à tiges nues.

Nota bene. La plante que j'ai fait deſſiner m'a été envoyée par M. Gouan. *Voyez* la note placée au bas de la page 30.

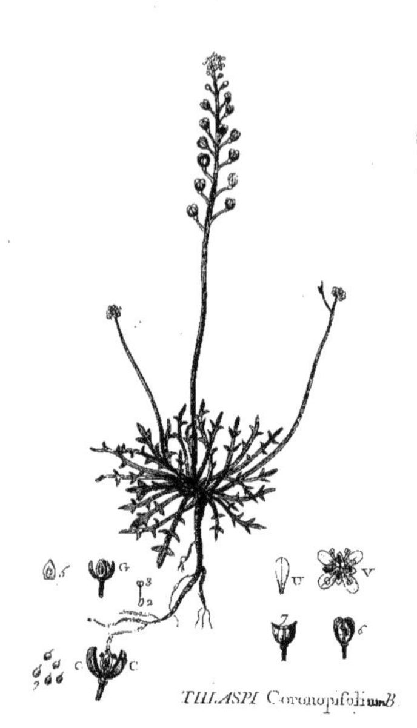

THLASPI Coronopifolium B.

THLASPI
CORONOPIFOLIUM.
TABOURET A CORNE DE CERF.

ORDRES SYSTÉMATIQUES

DE TOURNEFORT.	VON LINNÉ.	DE JUSSIEU.
Cl. V. Sect. 2. G. 2. *Nasturtium.*	Cl. XV. Ord. 1.	Cl. XII. Ord. 3. les Cruciformes.

DESCRIPTION.

ENVELOPPE Aucune.

CALICE. *Périanthe* (G) de quatre feuilles égales, inférieures, béantes, glabres, liffes, difpofées en croix, & qui tombent avec la corolle; chaque feuille eft ovoïde (9), entière aiguë, un peu moins grande que les pétales; les bords font membraneux & blancs, le milieu eft verdâtre.

COROLLE. *Quatre pétales* (V) égaux, uniformes, ovoïdes, reverfés, rangés en croix dans les efpaces que laiffent les feuilles du calice, & inférées au deffous du germe; ces pétales font blancs, plus grands que les feuilles du calice, & tombent le lendemain d'après leur parfait épanouiffement; chacun de ces pétales eft en œuf renverfé, & très-entier (U).

ÉTAMINES. *Six filets* (H) inégaux, de la grandeur du piftil: deux plus petits; les quatre plus grands font fitués deux de chaque côté des faces aplaties du germe; les deux plus petits font placés à côté du germe vis-à-vis des deux angles. Chacun de ces filets eft cylindrique, & donne naiffance à une petite écaille (7). *Voyez* nectar. *Six anthères* arrondies, jaunes (6).

PISTIL. *Un germe* elliptique, aplati, un peu échancré à fa partie fupérieure; *un ftyle* cylindrique court, mais faillant & très-vifible; *un ftigmate* (E) en tête aplatie.

NECTAR. *Six écailles* (7) placées une au bas de chaque filet des étamines; chacune de ces petites écailles reffemble à un petit pétale. Il tombe avec les étamines. Aucune glande.

PÉRICARPE. *Silicule* (2) prefque orbiculaire, garnie d'une rebord faillant & excédant les loges du péricarpe (2); cette filicule eft déprimée fupérieurement, & devient même un peu concave; la face extérieure ou inférieure, celle enfin qui eft oppofée à la tige, & qui regarde la terre, eft convexe & arrondie; le fommet eft échancré en cœur: dans cette échancrure, on apperçoit le ftyle, qui eft très-court & caché, ou moins élevé que les bords de la filicule, quoique ce même ftyle fût très-vifible & faillant fur le germe. Il difparoît ainfi, parce que les rebords du fruit croiffent après la fécondation, pendant que le ftyle fe deffèche. Ce péricarpe eft de plus divifé en deux loges par une cloifon verticale & oppofée au grand diamètre, de forte que fa largeur eft coupée en deux valves femi-orbiculaire. Ce fruit s'ouvre en deux pièces (CC); chacune de ces pièces eft concave & en forme de petite nacelle. Chaque loge contient plufieurs graines.

RÉCEPTACLE. *Petite cloifon* (4) membraneufe, moins large que le grand diamètre du fruit, & pofée dans un fens oppofé à ce grand diamètre; cette cloifon eft bandée d'un cercle qui fait faillie en portion de cercle d'un côté, & prefque droit de l'autre côté.

SEMENCES. *Plusieurs graines* (3) dans chaque loge du péricarpe; chacune de ces graines est arrondie, lisse, & de couleur rousse.

RACINE. *Fibre* principale verticale, pivotante, cylindrique, garnie de fibres latérales qui se ramifient.

TRONC. *Hampe* cylindrique, verticale, lisse, simple, qui produit des fleurs terminales. D'autres hampes & souvent deux autres tiges sortent de la même racine; elles sont décombantes & garnies à leur partie moyenne d'une petite feuille. *Voyez* port.

FEUILLES. Les premières radicales sont simples, lancéolées, souvent entières; les secondes radicales sont linéaires, garnies latéralement de dents parallèles aiguës, & qui la rendent divisée en pinnules très-aiguës, subulées; le sommet est toujours terminé par une continuation de la côte moyenne; mais cette continuation est aussi aiguë que les découpures latérales; enfin une feuille caulinaire appartenante à une des tiges latérales, mais qui souvent manque; cette feuille est linéaire, souvent très-entière, d'autres fois elle est dentée d'une à trois dents latérales.

SUPPORTS.
- *Armes*, aucune, pas même de poils, la plante étant très-glabre dans toutes ses parties.
- *Stipules*, *Bractées*, aucune.
- *Pétioles*, presque cylindriques, longs.
- *Pédoncules*, cylindriques, solitaires, uniflores, de la longueur des fruits.
- *Vrilles*, aucune.

PORT. D'une *racine* sortent plusieurs feuilles disposées en touffe radicale. Du milieu de ces feuilles sort une hampe qui porte un petit corymbe de fleurs; ces fleurs à peine s'épanouissent; des fruits succèdent à ces fleurs; ces fruits sont disposés en forme d'épi ou grappe verticale; deux ou plusieurs autres hampes sortent de la même racine: celles-ci ont souvent une feuille.

VÉGÉTATION. Cette plante sort de terre en mars, fleurit en avril-mai; les fruits sont mûrs en juin; la plante se dessèche & se sème; sa durée totale est à peu près de quatre à cinq mois.

LIEU. Les terrains sablonneux; on la trouve communément au bois de Boulogne parmi *l'Iberis nudicaulis* L., dont cette plante n'est peut-être qu'une variété. *Voyez* la note au bas de la page.

PROPRIÉTÉS.
- *Odeur*; herbacée.
- *Saveur*; herbacée, mêlée d'un petit goût de cresson.

ANALYSE, VERTUS, USAGE, DOSE, inconnus.

ETYMOLOGIE. *Thlaspi* du mot grec θλαω, *comprimo*, parce que le fruit des espèces de ce genre est comprimé; *coronopifolium*, à cause de la forme des feuilles qui, dans l'espèce que nous venons de décrire, imitent les feuilles du *Plantago coronopifolia*.

NOM GÉNÉRIQUE PHYTONOMATOTECHNIQUE.

VEHFUXFUALIVE.

SYNONYMIE.

THLASPI (*coronopifolium*) *acaule, foliis linearibus pinnatifidis, pinnulis subulatis.*

Nota benè. On trouve aux environs de Paris l'*Iberis nudicaulis* décrite page 21, l'*Iberis bursifolia* décrite page 23, le *Thlaspi nudicaule* décrit page 27, & le *Thlaspi coronopifolium* décrit page 29. Ces quatre plantes ont tant de rapport, que nous sommes portés à les croire variétés les unes des autres. Nous avons observé que les fleurs de l'extérieur du corymbe des deux Iberis sont irrégulières; celles du centre sont régulières. Il seroit essentiel de semer séparément chacune de ces plantes, pour s'assurer si elles ne se génèrent pas réciproquement. Nous tenterons l'expérience, & nous en rendrons compte.

THLASPI Saxatile. *L.*

THLASPI
SAXATILE.
TABOURET *DE ROCHE.*

ORDRES SYSTÉMATIQUES

DE TOURNEFORT.	VON LINNÉ.	DE JUSSIEU.
Claſſe V. Section 2. Genre 1.	Cl. II. Ord. 1. les Siliculeuſes.	Cl. XII. Ord. 3. les Cruciformes.

DESCRIPTION.

ENVELOPPE, aucune.

CALICE. *Périanthe* de quatre feuilles égales, uniformes, liſſes, glabres, droites, preſſées contre les pétales, inſérées ſous le germe, & qui tombent avec la corolle; chacune de ces feuilles eſt ovoïde, aiguë & droite pendant que la fleur ſubſiſte; elles s'écartent, deviennent recourbées en portion d'arc (G), & un peu obtuſes après la défloraiſon ou un peu avant la chûte de la corolle (5); l'enſemble de toutes ces feuilles forme un calice, élargi ou un peu comprimé.

COROLLE. Quatre *pétales* égaux (V), deux fois plus grands que les feuilles du calice, droits, un peu béans, diſpoſés en croix, & inſérés ſous le germe; chacun de ces pétales eſt en œuf renverſé, entier, très-joliment veiné de rouge, mais ſouvent plus veiné & plus rouge que ne ſont les pétales de l'individu que nous avons fait figurer.

ETAMINES. Six *filets* (H) inégaux de la longueur des feuilles du calice : quatre ſont égaux & plus grands que les deux autres; de ces quatre, deux ſont placés vis-à-vis d'un des côtés aplatis du germe; deux ſont de l'autre côté oppoſé; les deux petits filets ſont un de chaque côté vis-à-vis des angles tranchans du germe; les quatre grands filets ſont un peu aplatis (2), un peu plus larges que les petits; les petits ſont cylindriques; ils s'écartent du germe en forme d'arc; *ſix anthères* arrondies, jaunes.

PISTIL. *Un germe* elliptique, liſſe, comprimé, & comme tronqué à ſa partie ſupérieure, ce qui ne peut être apperçu qu'avec une forte loupe. *Un ſtyle* cylindrique moins long que le germe, & perſiſtant; *un ſtigmate* (E) en tête, inégal, raboteux, mais entier.

NECTAR. Aucun.

PÉRICARPE. *Silicule* orbiculaire (8) membraneuſe, mince à ſes bords & crénelée, renflée au milieu, convexe par la face externe, concave par la face interne, c'eſt-à-dire, par celle qui répond à la tige, très-glabre; la baſe en eſt entière; le ſommet eſt échancré par une échancrure où ſe trouve le piſtil, qui eſt plus court que les valves; l'intérieur (7) eſt diviſé en deux loges par la préſence d'une cloiſon membraneuſe (4), & s'ouvre en deux valves (CC); ces deux valves ſont naviculaires, creuſées du côté qui les unit, & à bords tranchans du côté oppoſé; chaque loge renferme pluſieurs graines.

RÉCEPTACLE. *Cloiſon* (4) membraneuſe, luniſère ou reſſemblant à un croiſſant, bordée par deux ſegmens de cercles ployés du même ſens, c'eſt-à-dire, rentrans l'un dans l'autre, de manière que la membrane qui les unit eſt attachée, d'une part, à la face concave de l'un, & à la face convexe de l'autre, comme ſi deux CC étoient unis enſemble dans cette ſituation : de plus, ces deux bords ſe confondent par la partie ſupérieure & par la partie inférieure; par la supérieure; pour former le style, & par l'inferieure, pour s'unir au pédoncule.

Semences. *Plusieurs graines* dans chaque loge du péricarpe; chacune de ces graines est oviforme ou arrondie, lisse (6).

Racine. Fibreuse, dure, vivace, garnie de fibres latérales qui se ramifient.

Tronc. *Tige* cylindrique, dure, inégale, couverte d'aspérités provenantes de la chute des feuilles des années précédentes; cette tige est ordinairement couchée par terre ou procumbante; elle pousse plusieurs branches, & celles-ci des rameaux.

Feuilles. Très-simples, très-entières, très-rapprochées au printemps, plus clair semées en automne, lancéolées, aiguës au printemps, plus élargies en automne, très-lisses, très-glabres, un peu épaisses, surface supérieure très-unie, surface inférieure garnie d'une veine, base pointue, terminée par le pétiole, & ordinairement appressée vers la tige, d'où la partie supérieure s'écarte. *Voyez* port.

Supports.
- *Armes*, aucune, pas même des poils.
- *Stipules*, *Bractées*, aucune.
- *Pétioles* très-court, déprimés.
- *Pédoncules*, cylindriques, presque aussi longs que les feuilles, uniflores, rassemblés au haut de la plante.
- *Vrilles*, aucune.

Port. D'une *racine* commune sortent plusieurs tiges couchées contre terre; ces tiges poussent des branches; celles-ci, des rameaux; toutes ses parties sont terminées par des corymbes de fleurs, plus ou moins rouges, veinées de rouge; les feuilles sont alternes; leur pétiole, quoique très-court, semble vouloir s'écarter de la tige, mais la base de la feuille revient sur ses pas pour s'appliquer contre cette même tige, de sorte que chaque feuille fait un pli à sa base en portion de cercle; les fruits sont disposés en épis.

Végétation. Cette plante est vivace; les tiges même persistent pendant l'hiver; les jeunes rameaux & le haut des tiges périssent constamment aux gelées; les fleurs se montrent en mai & se continuent jusqu'en septembre; les fruits mûrissent à fur & à mesure; les feuilles tombent en grande partie en automne; si l'hiver est doux, quelques-unes subsistent; mais si l'hiver est rude, la seule racine survit pour l'année suivante.

Lieu. Les provinces méridionales de la France; en Provence, sur les rochers & autres endroits arides. M. Garidel l'indique aux collines du Monteignez du Tholonet, du Prignon.

Propriétés.
- *Odeur*; les fleurs sont inodores; feuilles froissées ont une odeur cressonnée.
- *Saveur*; les feuilles mâchées sont herbacées, salées, mêlées d'une petite saveur piquante.

Vertus, Usage, Dose, inconnus.

Étymologie. *Thlaspi* du mot grec θλάω *comprimo*. Voyez page 30. *Saxatile* des roches, qui vit parmi les rochers, parce que cette espèce aime les lieux pierreux.

NOM GÉNÉRIQUE PHYTONOMATOTECHNIQUE.

VEHFUAFUALIRE.

SYNONYMIE.

Thlaspi (*saxatile*) *siliculis subrotundis, foliis lanceolato-linearibus, obtusis, carnosis. Lin. Syst. Veget. 3. 223. id. Spe. pl. 901. Mur. Syst. Veget. ed. 14. 387. Sauv.*

Tabouret de roche. L M. 2. 465.

THLASPI Arvense. L.

THLASPI
ARVENSE.
TABOURET *DES CHAMPS.*

ORDRES SYSTÉMATIQUES

DE TOURNEFORT.	VON LINNÉ.	DE JUSSIEU.
Claffe V. Section 2. Genre 1.	Cl. XV. Ordre 1. Siliculeufes.	Cl. XII. Ord. 2. les Crucifères.

DESCRIPTION.

ENVELOPPE, aucune.

CALICE. *Périanthe* de quatre feuilles inférieures évafées, caduques, égales, difpofés en croix, moitié plus courtes que les pétales; chacune eft oblongue, ovoïde; deux font un peu creufées en gouttière; les deux autres font aplaties; toutes ces feuilles s'attachent fous le germe, & font bordées d'un feuillet blanc.

COROLLE. *Quatre pétales* (V) évafés, blancs, une fois plus longs que les feuilles du calice, caducs, verticaux & égaux entre eux; chaque pétale (U) eft en œuf renverfé, un peu élancé & ordinairement entier, quelquefois un peu échancré à fa partie fupérieure; la partie inférieure eft terminée par un onglet aplati.

ETAMINES. *Six filets* (H) inégaux : quatre font plus grands, deux font plus courts; tous ces filets font inférés fous le germe; tous font fubulés, cylindriques, & tombent de bonne heure; les deux plus petits font fitués, un de chaque côté, vis-à-vis l'angle du germe; les quatre grands font placés deux à deux de chaque côté devant la face aplatie du germe. *Six anthères* fagittées, égales & jaunâtres.

PISTIL. *Un germe* elliptique, comprimé, de la longueur des petites étamines, & échancré à fa partie fupérieure; *un ftyle* très-court, cylindrique, perfiftant; *un ftigmate* peu diftinct du ftyle (2).

NECTAR. *Quatre glandes* très-petites, fituées deux à deux à la bafe des deux étamines, où elles forment un bourrelet irrégulier fous chacune.

PÉRICARPE. *Silicule* orbiculaire, comprimée, en deux faces égales, un peu convexe, liffe; fommet (2) échancré en cœur, & garni au fond de l'échancrure du ftigmate qui perfifte, milieu relevé en lentille, bordure membraneufe très-amincie; l'intérieur eft divifé en deux loges (I) par une cloifon qui coupe la largeur du fruit en deux valves égales femi-orbiculaires (CC), concaves en bateau; chaque loge renferme un grand nombre de femences.

RÉCEPTACLE. *Cloifon* membraneufe (3), lancéolée, beaucoup moins large que le grand diamètre du péricarpe.

SEMENCES. *Plufieurs graines* (Z) arrondies, liffes, au nombre de fix à chaque loge du péricarpe.

RACINE. *Fibre* verticale, fufiforme, cylindrique, pivotante : garnie de fibriles latérales.

TRONC. *Tige* verticale, pleine, feuillée, herbacée, cannelée, c'eft-à-dire, marquée longitudinalement par cinq à dix crêtes faillantes, droites; cette tige pouffe des branches obliques florifères.

Feuilles, très-simples, de deux formes; savoir, de radicales (I) en œuf renversé, très-entières, pétiolées; de caulinaires, sessiles, lancéolées, échancrées à la base en fer de flèches: toutes ces feuilles sont glabres, veinées & succulentes; la bordure des feuilles caulinaires supérieure est comme anguleuse; les jeunes feuilles brachiales sont dentées à dents de scie, mais ces dentelures s'effacent à mesure que ces feuilles grandissent.

Supports.
- *Armes*, *Stipules*, *Bractées*, aucune.
- *Pédoncules*, carrés, aplatis, presque anceps, longs, solitaires, uniflores, disposés le long de l'extrémité des tiges & branches, verticalement en corymbe pendant la floraison, ensuite horizontalement, & enfin un peu réfléchis.
- *Vrilles*, aucune.

Port. D'une racine sort d'abord une tige verticale, feuillée, florifère; des aisselles des feuilles supérieures, sortoient des branches obliques. Les feuilles radicales sont peu nombreuses & obliques près de terre: les feuilles caulinaires sont redressées, alternes ou disposées autour de la tige, de manière que la première répond à la cinquième, si la tige a cinq angles; à la sixième septième, à dixième, si la tige a six, sept, huit à dix angles: chaque feuille semble être générée par trois angles de la tige. Les fleurs sont à l'extrémité des tiges & des branches; elles sont disposées en petits corymbes; celles de la circonférence sont seulement épanouies; celles du centre restent en boutons; les fruits sont disposés en thyrses.

Végétation. Sort de la terre en mars-avril, fleurit d'avril à juin; les fruits sont mûrs en mai & juin; la plante périt pour ne plus reparoître en juin-juillet.

Lieu. Les champs aux environs de Paris.

Propriétés.
- *Odeur;* la plante a une odeur herbacée tirant sur celle de l'ail d'une manière très-forte & désagréable.
- *Saveur;* toutes les parties de la plante mâchées sont âcres, mais sur-tout les graines; elles laissent à la bouche une saveur de moutarde & d'ail.

Analyse, inconnue.

Vertus, la semence de Thlaspi est incisive, âcre, stimulante, propre, dit-on, à pousser les urines, les mois aux femmes, pour mûrir les abcès internes & dissoudre le sang caillé; c'est un masticatoire qui fait cracher abondamment; extérieurement ces semences détergent les ulcères en les appliquant dessus.

Usage, presque aucun; sa semence est prescrite dans la recette de la thériaque.

Dose, la semence se prescrivoit anciennement depuis vingt-quatre grains jusqu'à quarante-huit dans une liqueur appropriée à la maladie.

Etymologie. *Thlaspi* de θλαω. *Voyez* la page 28. *Arvense*, des champs, parce que cette espèce croît dans les champs parmi les plantes qu'on y cultive.

NOM GÉNÉRIQUE PHYTONOMATOTECHNIQUE.

VEHFWF̂ALIVE.

SYNONYMIE.

Thlaspi (*arvense*) *siliculis, orbiculatis, foliis oblongis dentatis, glabris. Lin. Syst. Plant. 3. 222. id. Syst. Pl. 901. id. met. Med. 159. Mur. Syst. Veget. ed. 14 pag. 587. Gouan. Hort. 316. Gerard Fl. Gal. Prov. 348.*

——— *arvense siliculis latis. C. B. Pin. 105. Tourn. Inst. 212. J. B. Hist. 2. 923.*

——— *Latius Dod. Pent. 712.*

Tabouret des champs. Lam. 2. 464. Thlaspi à larges siliques.

THLASPI Perfoliatum.

THLASPI
PERFOLIATUM.
TABOURET *PERFOLIÉ.*

ORDRES SYSTÉMATIQUES

DE TOURNEFORT.	VON LINNÉ.	DE JUSSIEU.
Classe V. Section 2. Genre 1.	Cl. XV. Ordre 1. *Siliculeuses.*	Cl. XII. Ordre 3. les Crucifères.

DESCRIPTION.

ENVELOPPE, aucune.

CALICE. *périanthe* inférieur de quatre feuilles égales, droites : deux sont un peu bossuées ; les deux autres sont aplaties; toutes ont le milieu rougeâtre, & les côtés sont bordés d'un petit rebord de la couleur des pétales ; elles tombent avec la corolle.

COROLLE. *Quatre pétales* (V) égaux, un peu plus élevés que les feuilles du calice, d'une forme ovoïde renversée, blancs, & qui tombent de bonne heure ; le limbe est rarement horizontal ; il est plus souvent vertical ; les onglets sont très-grêles & s'insèrent sous le germe.

ETAMINES. *Six filets*, savoir, quatre presque de la longueur des pétales, deux de la longueur des feuilles du calice ; ces derniers sont placés vis-à-vis des angles du germe ; les quatre autres sont placés sur les faces aplaties du germe deux à deux de chaque côté; chacun de ces filets est cylindrique & blanc. *Six anthères* jaunes, arrondies & un peu échancrées à la base.

PISTIL. *Un germe* en œuf renversé, lisse, comprimé ; *un style* très-court ; *un stigmate* en tête. Ces trois parties s'apperçoivent sur le PÉRICARPE. *Voyez* ce mot.

NECTAR. *Quatre petites écailles* situées deux à deux sur l'assiette à la base des deux petites étamines, une de chaque côté; ces écailles ne sont visibles que par le secours d'une forte loupe ou d'une lentille de microscope : elle paroissent bordées de jaune.

PÉRICARPE. *Silicule* (B) presque orbiculaire, convexe inférieurement, concave supérieurement biloculaire (3), bordée d'une membrane verte & mince, échancrée en cœur au sommet, seulement dans toute la profondeur de la membrane qui borde cette silicule ; dans cette échancrure, on y voit le style dans tout son entier, mais si court, que la membrane qui borde le fruit est quatre à cinq fois plus élevée que lui (B) ; ce caractère est un des caractères essentiels qui distinguent le *Thlaspi perfoliatum* des *Thlaspi alpestre*, *montanum* & *alpinum*, qui tous les trois ont le style persistant, mais égalant ou excédant en longueur les côtés de l'échancrure du péricarpe. Dans chaque loge sont renfermées trois à cinq graines ; ce fruit s'ouvre en deux valves (CC) semi-orbiculaires, concaves en nacelle.

RÉCEPTACLE. *Cloison* mitoyenne membraneuse, bordée inférieurement d'un segment de cercle qui indique la convexité du péricarpe, & supérieurement d'une ligne (2) presque droite ; celle-ci répond à la partie supérieure du péricarpe, qui est concave à cause des rebords membraneux.

SEMENCES. *Cinq à huit graines* (X) presques rondes, lisses & rougeâtres, jaunes avant la parfaite maturité.

RACINE. *Fibre* principale pivotante, cylindrique, dure, donnant trois à quatre fibres latérales auſſi cylindriques, ramifiées.

TRONC. *Tige* d'un rouge violet, verticale, flexueuſe, cylindrique, branchue & feuillée; les branches ſont obliques ordinairement, garnies d'un plus grand nombre de feuilles que la tige. *Voyez* port.

FEUILLES, de deux ſortes, de radicales, pétiolées, ovoïdes, entières à la baſe, dentées aux bords & à ſurfaces liſſes, veinées & glabres; de caulinaires ſeſſiles, fortement échancrées à la baſe en cœur : celles-ci ſont amplexicaules en cœur alongé, dentées légèrement aux bords, veinées aux ſurfaces qui de plus ſont ordinairement d'un vert glauque; les feuilles des branches ſont quelquefois entières. *Voyez* port.

SUPPORTS.
- *Armes*, aucune, pas même des poils; toute la plante eſt glabre.
- *Stipules*, *Bractées*, aucune.
- *Pétioles*, ſeulement aux feuilles radicales; ces pétioles ſont linéaires, aplatis & auſſi longs que les feuilles.
- *Pédoncules;* pluſieurs, ſolitaires, uniflores & cylindriques.
- *Vrilles*, aucune.

PORT. *De la racine* ſortent pluſieurs feuilles pétiolées partie ovoïdes, partie orbiculaires ou elliptiques, mais toujours couchées ſur terre; plus une tige verticale, mais qui ſe courbe à droite & à gauche; cette tige eſt garnie d'eſpace en eſpace de feuilles amplexicaules au nombre de deux à quatre; de l'aiſſelle de ces feuilles ſortent des branches obliques leſquelles pouſſent auſſi des feuilles amplexicaules; toutes ces feuilles ſont alternes; les fleurs ſont terminales en petit corymbe arrondi & vertical; mais comme la tige s'alonge à meſure qu'elle fleurit, à meſure auſſi les fruits qui ſuccèdent aux fleurs ſont placés plus bas, de ſorte que ces fruits ſont horizontaux & diſpoſés en thyrſe.

VÉGÉTATION. Sort de terre en mars, fleurit en avril; les fruits ſont mûrs à la fin d'avril & en mai; la plante périt pour ne plus reparoître; elle ſe ſème tous les ans elle-même; ſa durée totale eſt de quatre mois tout au plus.

LIEU. Les terrains gras, glaiſeux & élevés, quelquefois dans les terrains arides, mais rarement, & alors elle y eſt chétive; elle eſt très-commune à Menil-Montant près de Paris.

PROPRIÉTÉS.
- *Odeur;* la plante froiſſée a une odeur d'herbe tirant ſur l'ail.
- *Saveur;* la plante mâchée eſt herbacée : légèrement amère & âcre.

ANALYSE, VERTUS, USAGE, DOSE, inconnus.

ETYMOLOGIE. *Thlaſpi* du mot grec. *Voyez* la page 28. *Perfoliatum*, perfolié, parce que ſes feuilles ſont ſi amplexicaules, qu'on les croiroit perfoliées.

NOM GÉNÉRIQUE PHYTONOMATOTECHNIQUE.

VEHFUAFUALIVE, ou avec les quatre neſtars, *VEHFUFUALIVE*.

SYNONYMIE.

THLASPI (*perfoliatum*), *ſiliculis orbiculatis, apice emarginatis; foliis caulinis cordatis, glabris, ſubdentatis, petalis longitudine calicis; caule ramoſo. Lin. Syſt. Pl.* 3 225, n°. 8. *Mur. Syſt. Veget. ed.* 14, 588, n°. 9. *Gerard.* 349, n°. 6..

——— *foliis radicalibus ovatis, lanceolatis. Guet. Stamp.* 142. *Dalib. par.* 196.

——— *arvenſe perfoliatum majus & minus. C. B.* 106. *Barel. Icon.* 815. *id.* 1015. *Tourn. Inſt.* 212. *Garid.* 439. *Vail. Bot. par.* 191.

TABOURET perfolié.

THLASPI Campestre.

THLASPI
CAMPESTRE.
TABOURET CHAMPÊTRE.

ORDRES SYSTÉMATIQUES

DE TOURNEFORT.	VON LINNÉ.	DE JUSSIEU.
Classe V. Section 2. Genre 1.	Cl. XV. Ordre 1. *Siliculeuses.*	Cl. XII. Ord. 3. les Cruciformes.

DESCRIPTION.

ENVELOPPE, aucune.

CALICE. *Périanthe* (F) de quatre petites feuilles droites égales, un tiers moins longues que les pétales; chacune est elliptique, velue, bordée d'un feuillet membraneux (U) toutes tombent avec la corolle; elles ont une demi-ligne de long.

COROLLE. *Quatre pétales* égaux, blancs, un peu plus longs que les feuilles du calice; les onglets sont rapprochés; les lames s'écartent légèrement; chaque pétale est en spatule, c'est-à-dire, formé d'un onglet filiforme très-grêle, de deux quarts de ligne de long, & d'un limbe orbiculaire d'un quart de ligne de diamètre; la figure de chaque pétale imite assez bien la figure (G) du pétale du *Thlaspi hirtum*, page 39, mais pourtant plus en petit.

ETAMINES. *Six filets* (H) inégaux, cylindriques, filiformes ; quatre sont égaux au germe; deux sont un peu plus petits. *Six anthères* arrondies, jaunes. *Poussière fécondante* jaune.

PISTIL. *Un germe* comprimé, ovoïde, obtus, très-glabre, légèrement échancré au sommet; *un style* cylindrique un peu plus long que l'échancre du germe; *un stigmate* légèrement en tête.

NECTAR. Aucune glande.

PÉRICARPE. *Silicule* ovoïde, très-glabre, presque elliptique (L), convexe dans la face extérieure, concave à la face qui regarde la tige, bordée tout autour d'une membrane, mais beaucoup plus large à la partie supérieure qu'aux côtés; cette silicule est divisée en deux loges (I) par une cloison moins large que le grand diamètre de la silicule, placée verticalement dans une direction opposée à cette largeur, de sorte que cette cloison (E) coupe la silicule en deux valves naviculaires (5.5); chaque loge contient une semence.

RÉCEPTACLE. *Cloison* membraneuse, lancéolée, bordée du côté qui répond à la partie convexe du fruit, par une portion de cercle, & par la partie qui répond à la face supérieure, par une ligne légèrement courbée.

SEMENCES. *Deux graines* (4) lisses, oviformes, une dans chaque loge du péricarpe.

RACINE. *Une fibre* principale verticale, garnie de fibrilles horizontales, cylindriques, blanchâtres.

TRONC. *Tige* verticale cylindrique, dure, velue, branchue, souvent ramifiée, feuillée.

FEUILLES, de deux sortes : de radicales (fig. 1), spatulées, très-entières; de caulinaires incanes, lancéolées, sagittées, dentelées & ondulées au bord, surfaces incanes, couvertes d'un duvet très-fin, veinées de veines peu saillantes, base échancrée en flèche, garnie de deux oreilles un peu obtuses.

SUPPORTS.
- *Armes*, aucune; les poils de cette plante sont si petits, qu'on ne peut les apercevoir qu'à l'aide d'une excellente loupe.
- *Stipules*, } aucune.
- *Bractées*, }
- *Pétioles*, seulement aux feuilles radicales; ils sont très-longs.
- *Pédoncules*, légèrement comprimés, velus, de la longueur des fruits mûrs.
- *Vrilles*, aucune.

PORT. D'une racine sortent plusieurs feuilles, plus rarement plusieurs tiges verticales; ces tiges poussent des feuilles alternes; de l'aisselle des feuilles supérieures il sort des branches qui poussent de nouvelles feuilles & des fleurs; les fleurs sont disposées en petites têtes corymbiformes; les fruits sont en grappes; les pédoncules des fleurs sont verticaux; ceux des fruits sont horizontaux; les jeunes fruits sont redressés verticalement; les fruits mûrs sont horizontaux.

VÉGÉTATION. Sort de terre en avril, fleurit en mai-juin; les fruits sont mûrs en juillet; la plante périt pour ne plus reparoître; elle est bisannuelle.

LIEU. Les terres sablonneuses, élevées, les environs de Paris, contre les murs.

PROPRIÉTÉS.
- *Odeur;* la plante, froissée, a une odeur d'herbe astringente.
- *Saveur;* la plante, mâchée, est âcre, piquante à la langue comme le cresson, mais sans aromate.

ANALYSE, inconnue.

VERTUS. Les semences du Thlaspi sont âcres au goût; on les estime incisives, détersives, apéritives, emménagogues, propres aux tempéramens pituiteux, froids, rhumatisans, contraires aux tempéramens sanguins.

USAGE, presque aucun; on peut lui substituer la graine de moutarde.

DOSE, la semence pilée, à la dose d'un scrupule jusqu'à deux, dans un liquide approprié à la maladie.

ETYMOLOGIE. *Thlaspi.* Voyez la page 28. *Campestre*, champêtre, parce qu'on le trouve dans les campagnes.

NOM GÉNÉRIQUE PHYTONOMATOTECHNIQUE.

VEHFUAFUALILE.

SYNONYMIE.

THLASPI (*campestre*) *siliculis subrotundis, foliis sagittatis, dentatis, incanis. Lin. Syst. Plant. 3. 224. id. Spe. Plant. 902. Murray, ed. 14. 587. Gouan. Flor. Monsp. 159. id. hort. 317. Gerard. Flor. Gal. Prov. 348. Dalib. par. 195, n°. 1. Crantz Crucif 76. . . . . Scop. Flor. Car. ed. 2. n°. 807. Gouan. illus. 40.*

——— *arvense vaccariæ incano folio majus & minus. C. B. Pin. 106.*

——— *vulgatius. J. B. 2. 921. T. Inst. 212. id. herbor. 233. Vail. Bot. par 191. Map. Alsat. 301. Garid. 459.*

——— *alterum Dod. Pent. 712.*

——— *latifolium. Fusch. 306.*

TABOURET velu. Lamk. 2. 465.

THLASPI champêtre. Dub. Bot. fr. 2. 98.

Grand THLASPI. Fusch. ed. Fran. chap. 115.

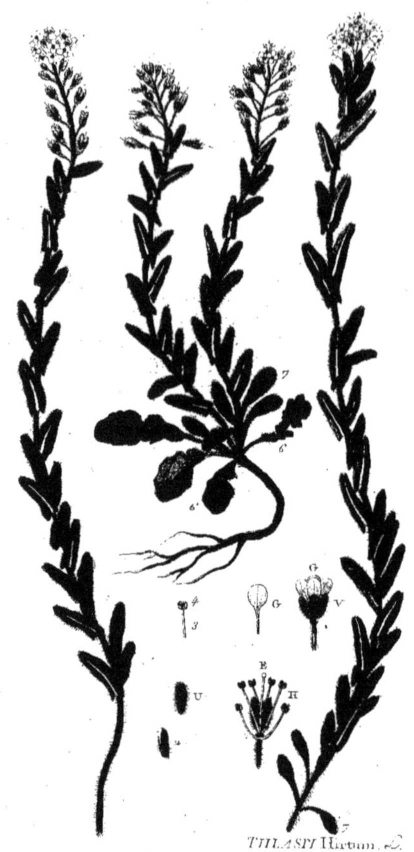

THLASPI Hirtum. 2.

THLASPI
HIRTUM.
TABOURET HÉRISSÉ.

ORDRES SYSTÉMATIQUES

DE TOURNEFORT.	VON LINNÉ.	DE JUSSIEU.
Claſſe V. Section 2. Genre 1.	Cl. XV. Ordre 1. Siliculeuſes.	Cl. XII. Ord. 2. les Cruciformes.

DESCRIPTION.

ENVELOPPE, aucune.

CALICE. *Périanthe* (V) de quatre feuilles inférieures droites, égales, moitié moins longues que les pétales; chacune eſt elliptique, très-velue, bordée d'un feuillet membraneux, blanchâtre, convexe du côté externe, concave (A) du côté qui répond aux pétales: toutes tombent avec la corolle.

COROLLE. *Quatre pétales* égaux, blancs, une fois plus longs que les feuilles du calice; les onglets ſont rapprochés; les lames s'écartent légèrement; chaque pétale eſt en ſpatule, c'eſt-à-dire, formé d'un onglet filiforme, très-grêle, auſſi long que le limbe; le limbe (G) eſt arrondi.

ETAMINES. *Six filets* (H) inégaux, cylindriques (3), filiformes, moins longs que les pétales; quatre ſont égaux au germe; deux ſont un peu plus petits; *ſix anthères arrondies* (4).

PISTIL. *Un germe* comprimé, elliptique, échancré très-viſiblement au ſommet, très-velu, ſurmonté d'*un ſtyle* cylindrique beaucoup plus long que l'échancrure du germe, *un ſtigmate* arrondi en tête E.

NECTAR. Nous n'avons point aperçu de glandes.

PÉRICARPE. *Silicule* elliptique, convexe à la face extérieure, concave à la face qui regarde la tige, vêtue très-viſiblement par de longs poils à ſa moitié inférieure, bordée d'une membrane beaucoup plus large à la partie ſupérieure qu'aux côtés; cette ſilicule eſt diviſée en deux loges par une cloiſon verticale moins large que le grand diamètre de la ſilicule; cette ſilicule s'ouvre en deux valves carênées, naviculaires; chaque loge renferme une ſemence; le *ſtyle* perſiſte & excède l'échancrure du péricarpe.

RÉCEPTACLE. *Cloiſon* mitoyenne membraneuſe, lancéolée, moins large que le péricarpe, & placée verticalement dans la ſilicule dans une direction contraire au grand diamètre de cette ſilicule.

SEMENCES. *Deux graines* oviformes, brunes, placées une dans chaque loge du fruit.

RACINE. *Une fibre* principale, flexueuſe, garnie de fibrilles latérales.

TRONC. *Tige* verticale, cylindrique, dure, très-velue, ordinairement très-ſimple, ſans branches ni rameaux, feuillée.

FEUILLES, de deux à trois ſortes: d'abord de radicales (6. 6.) ſpatulées & découpées en lyre, glabres; d'inférieures preſque radicales (7), ſpatulées, pétiolées, très-entières, velues; enfin de caulinaires ſeſſiles, ſagittées, obtuſes, pointues: toutes ces feuilles ſont veinées & ordinairement dentées aux bords.

SUPPORTS.
- *Armes:* la plante eſt toute couverte de poils, mais ces poils ſont très-rapprochés & très-viſibles à l'œil; ſimple ſur les pédoncules & ſur les fruits; ce qu'on ne voit pas au *Thlaſpi campeſtre.*
- *Stipules,* } aucune.
- *Bractées,* } aucune.
- *Pétioles,* de très-longs, aux feuilles inférieures; ils ſont ſemi-cylindriques.
- *Pédoncules;* cylindriques très-velus.
- *Vrilles,* aucune.

PORT. *D'une racine* ſortent pluſieurs feuilles couchées ſur terre, plus une ou deux tiges verticales, ſimples; ces tiges donnent beaucoup de feuilles alternes; les fleurs ſont terminales en petites têtes corymbées; les fruits ſont en thyrſe.

VÉGÉTATION. Sort de terre en avril-mai; fleurit en juin, périt en juillet-août; ſa durée eſt de trois ou quatre mois.

LIEU. Les provinces méridionales de la France, aux environs de Montpellier, en Provence, où, ſelon M. Garidel, elle eſt très-commune.

PROPRIÉTÉS.
- *Odeur;* froiſſée entre les doigts, cette plante a une odeur herbacée aſtringente.
- *Saveur;* la plante mâchée eſt âcre, piquante comme le creſſon.

ANALYSE, inconnue.

VERTUS, cette plante a les mêmes vertus que le *Thlaſpi campeſtre.*

DOSE, inconnue.

ETYMOLOGIE. *Thlaſpi du mot grec* θλαω. *Voyez* la page 28. *Hirtum,* à cauſe que cette eſpèce eſt poilue ou hériſſée de poils, ſur-tout dans les parties de la fructification.

NOM GÉNÉRIQUE PHYTONOMATOTECHNIQUE.

VEHFUAFUALILE

SYNONYMIE.

THLASPI (*hirtum*) *ſiliculis ſubrotundis, piloſis, foliis caulinis ſagittatis, villoſis, Sauv. Met. fol.* 121. *Mil. Dic n°.* 7. *Gouan. illuſ.* 40. *Gerard, Flor. Gal. prov.* 348. *Lin. Syſt. Plant.* 3, *page* 224. *id. Spe.* 901. *Mur. Syſt. Veget. ed.* 14. 587.

——— *capſulis hirſutis. J. B. Hiſt.* 2. 922. *Tourn. Inſt.* 212. *Garid.* 459. *Chabræ* 291.

——— *villoſum Capſulis hirſutis. C. B. Pin.* 106. *id. prodr.* 47. *tab.* 47. *Mathiol. ed. au. C. B.* 430. *Mor. Hiſt. ſec.* 3. *tab.* 18, *fig.* 27.

TABOURET hériſſé.

——— velu.

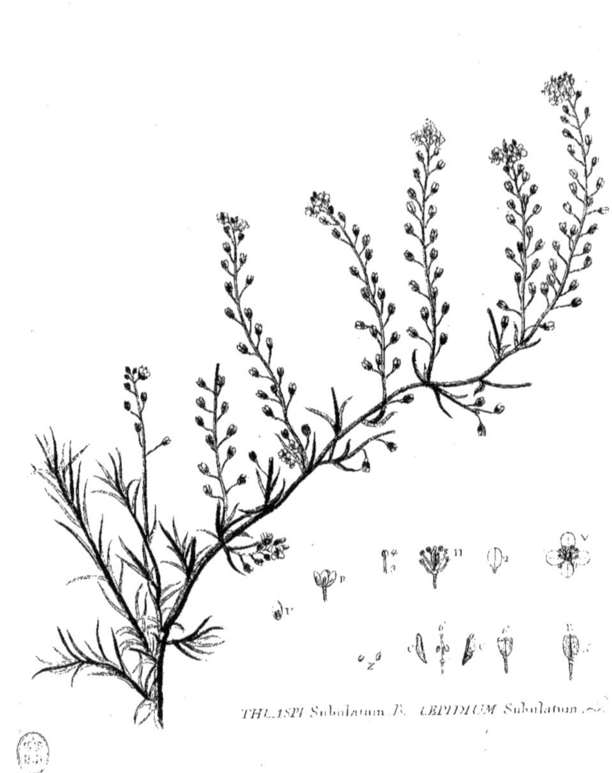

THLASPI Subulatum. F. *LEPIDIUM* Subulatum.

THLASPI
SUBULATUM.
TABOURET *SUBULÉ.*

ORDRES SYSTÉMATIQUES

DE TOURNEFORT.	VON LINNÉ.	DE JUSSIEU.
Claſſe V. Section 2. Genre 1.	Cl. II. Ord. 1. les Siliculeuſes.	Cl. XII. Ord. 3. les Cruciformes.

DESCRIPTION.

ENVELOPPE, aucune.

CALICE. *Périanthe* inférieur de quatre feuilles (F) évaſées, égales, moitié moins grandes que les pétales; chacune (U) eſt elliptique, d'un vert pâle, garnie d'un rebord membraneux blanc; ces feuilles tombent en même temps que la corolle.

COROLLE. *Quatre pétales* (V) blancs, égaux, uniformes, évaſés, diſpoſés en petite croix, deux fois auſſi élevés que les feuilles du calice; chacun (2) eſt elliptique ou en œuf renverſé, terminé à ſa baſe par un petit onglet très-court, mais très-viſible; ces pétales ſont inſérés ſous le germe, & tombent de bonne heure.

ÉTAMINES. *Six filets* inégaux (H) : quatre ſont preſque auſſi élevés que les pétales; ils égalent la hauteur du piſtil; deux autres ſont un peu plus courts que les quatre grands; chacun de ces filets eſt ſubulé & blanc (3); *ſix anthères* arrondies (4); *pouſſière fécondante* jaune.

PISTIL. *Un germe* elliptique comprimé; un *ſtyle* très-court, *un ſtigmate* en tête arrondi.

NECTAR. Aucun.

PÉRICARPE. *Silicule* (5) ovoïde, comprimée, ſans bordure membraneuſe, très-liſſe, bords tranchans; extrémité (F) tronquée, & légèrement échancrée; l'échancrure de cette ſilicule n'eſt viſible qu'à la maturité des graines, à cauſe de la préſence du piſtil qui remplit exactement l'échancrure. Cette ſilicule eſt diviſée en deux loges (6) égales par la préſence d'une cloiſon verticale placée dans un ſens oppoſé au grand diamètre du fruit, & qui le diviſe en deux valves; chaque valve (CC) a la forme & grandeur de la moitié du péricarpe.

RÉCEPTACLE. *Cloiſon* (I) lancéolée, très-étroite, de la longueur du fruit, & ſurmontée du ſtigmate; cette cloiſon donne attache de chacun de ces côtés à une graine.

SEMENCES *Deux graines* (Z), une dans chaque loge de la ſilicule; chacune de ces graines eſt ovoïde, liſſe.

RACINE. Fibreuſe, ligneuſe, perſiſtante.

TRONC. *Tige* ligneuſe, cylindrique, perſiſtante, couverte d'une écorce griſâtre, ordinairement flexueuſe ou tortueuſe; pluſieurs branches & rameaux droits; les uns de ces rameaux ne donnent que des feuilles; ils ſont très-feuillés, cylindriques, liſſes; les autres donnent des feuilles & des fleurs. *Voyez* port. Ceux-ci ſont plus grêles, cannelés, un peu aplatis.

FEUILLES. Très-ſimples, ſeſſiles, droites, glabres, ſubulées, aiguës, ſemi-cylindriques, très-entières, & ſans nervures, ſurface ſupérieure aplatie, ſurface inférieure convexe, liſſe.

SUPPORTS.
- *Armes*, *Stipules*, *Bractées*, *Pétioles*, aucuns.
- *Pédoncules*, aplatis, uniflores, légèrement velus.
- *Vrilles*, aucune.

PORT. D'une racine commune ſortent pluſieurs tiges flexueuſes; de ces tiges ſortent des branches; de celles-ci, des rameaux verticaux droits; les uns ſeulement feuillés, étroits & perſiſtans; les autres fleuris, fructifians, mais qui périſſent; les rameaux ſont aſſez volontiers rangés d'un ſeul côtés des branches; les feuilles ſont alternes en quinconce.

VÉGÉTATION. Cette plante eſt vivace, perſiſtante; les branches & rameaux pouſſent en avril-mai; les fleurs ſe montrent depuis juin juſqu'en août; les graines mûriſſent à ſur & à meſure; la tige vit pluſieurs années.

LIEU. L'Eſpagne, les montagnes des Pyrenées, les Alpes.

PROPRIÉTÉS.
- *Odeur;* la plante froiſſée eſt preſque inodore.
- *Saveur;* la plante mâchée eſt ſalée, âcre, brûlante à la langue; l'acreté eſt ſuivie d'amertume.

ANALYSE, VERTUS, USAGE, DOSE, inconnus.

ETYMOLOGIE. *Thlaſpi*, du mot grec. *Voyez* la page 28. *Subulatum*, ſubulé, à cauſe de la figure de ſes feuilles qui imitent la forme d'une alêne

NOM GÉNÉRIQUE PHYTONOMATOTECHNIQUE.

VEHFUAFUALILE.

SYNONYMIE.

THLASPI (*ſubulatum*) *foliis ſubulatis integerrimis, caule ſuffruticoſo.*

NASTURTIUM *fruticoſum, foliis glaucis, linearibus, ſubhirſutis. Hal. Helv. n°. 506.*

LEPIDIUM (*ſubulatum*) *foliis ſubulatis indiviſis ſparſis, caule ſuffruticoſo. L. Spe. Pl. 899. id. Syſt. Pl. 3. 219. Mur. Syſt. Veget. ed. 14. 586. Mil. Dic. n°. 11. Crantz Crucifor. 84. n°. 8.*

——— *capillaceo folio, fruticoſum Hiſpanicum, Tourn. Inſt. 216. id. Elem. 184. Rai. Hiſt. Pl. 3. 416.*

TABOURET ſubulé.

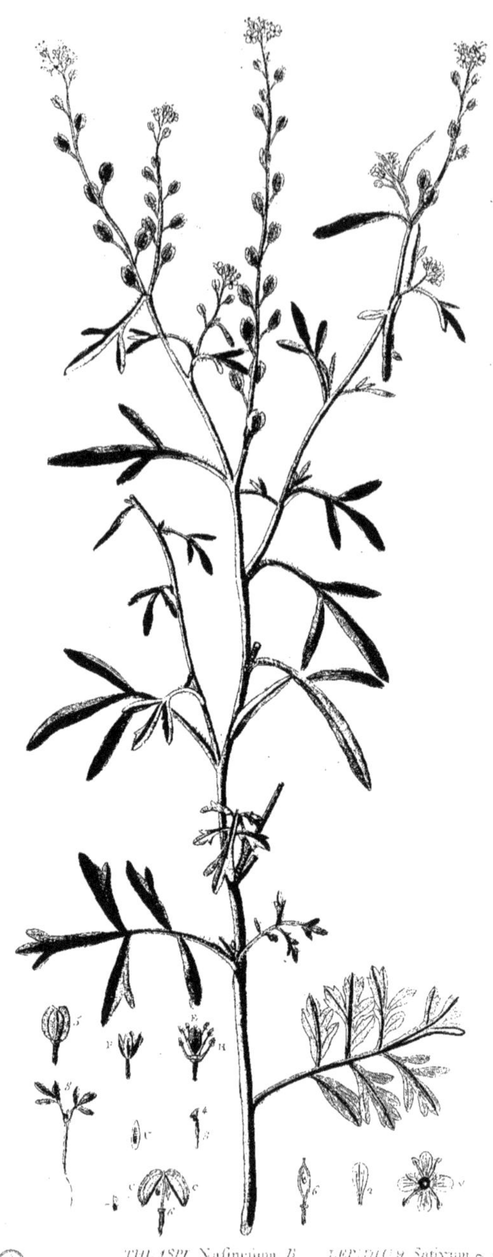

THLASPI Nasturtium. B. LEPIDIUM Sativum.

THLASPI
NASTURTIUM.
TABOURET *CRESSON.*

ORDRES SYSTÉMATIQUES

DE TOURNEFORT.	VON LINNÉ.	DE JUSSIEU.
Cl. V. Sect. 2. G. 2. *Nasturtium.*	Cl. XV. Ord. 1. les Siliculeuses.	Cl. XII. Ordre 3. les Crucifères.

DESCRIPTION.

ENVELOPPE Aucune.

CALICE. *Un périanthe* inférieur (F) comprimé, formé de quatre feuilles un peu inégales en largeur, égales en longueur; deux opposées sont plus larges, concaves, lancéolées, elliptique (U); les deux autres sont plus étroites, aussi concaves, obtuses.

COROLLE. *Quatre pétales* égaux (V), petits, blancs, une fois plus longs que les feuilles du calice; chacun est en œuf renversé (2), entier par le sommet, terminé en un onglet aigu par le bas; cet onglet est formé par la diminution insensible de la lame; ils tombent de bonne heure.

ETAMINES. *Six filets* inégaux (H): quatre plus grands, de la longueur des feuilles du calice; deux plus petits opposés, plus courts; tous les quatre sont blancs & cylindriques (3); *six anthères* (4) cordées, purpurines ou bleuâtres.

PISTIL. *Un germe* elliptique, comprimé, lisse, un peu échancré à sa partie supérieure, & de couleur verte; *un style* très-court, blanchâtre & cylindrique; *un stigmate* en petite couronne (E).

NECTAR. Aucun.

PÉRICARPE. *Silicule* (5) elliptique, presque orbiculaire, convexe inférieurement, concave par sa face supérieure, échancrée dans sa partie supérieure; cette échancrure est occupée par un pistil persistant, moins long que les bords de l'échancrure. Cette silicule est divisée en deux loges par la présence d'une cloison placée verticalement dans une direction contraire à la largeur du fruit; de sorte que ce fruit est coupé en deux parties égales semi-elliptiques (C.C), concaves par le côté qui les unissoit à la cloison, tranchantes par le bord opposé; chaque loge contient une graine.

RÉCEPTACLE. *Cloison* mitoyenne (G) membraneuse, lancéolée, aiguë, bordée de deux segmens de cercle égaux en figure.

SEMENCES. *Deux graines* (7) presque oviformes, déprimés par le côté qui touche à la cloison, lisses & de couleur rousse, fixées une de chaque côté au haut de la cloison.

RACINE. *Une fibre* pivotante, cylindrique, garnie de fibrilles latérales déliées.

TRONC. *Tige* cylindrique, glauque, lisse, verticale, droite, pleine, feuillée & branchue, branches verticales, quelquefois garnies de rameaux.

FEUILLES, de plusieurs formes; savoir, d'inférieures caulinaires, bipinnées, formées par un pétiole en gouttière, des folioles latéraux & un terminal; chacun des folioles latéraux est inégalement divisé en pinnule; le côté du foliole qui regarde le sommet de la feuille est ordinairement plus découpé que le côté qui regarde la base; le foliole qui termine la feuille eft à trois lobes ; les feuilles plus élevées font feulement une fois pinnées ; les folioles latéraux font fouvent garnis d'une ou deux dents ; le terminal eft trilobé ; en montant toujours, on en voit qui font ternées ; enfin les plus élevées font fimples, linéaires ou lancéolées, très-entières. La forme de toutes ces feuilles varie beaucoup : toutes ont la bafe du pétiole, ciliée à fes bords, la partie moyenne garnie d'une nervure.

SUPPORTS.
- *Armes*, aucune, une rangée de cils fe fait apercevoir à chaque bord des pétioles.
- *Stipules*, *Bractées*, aucune.
- *Pétioles*, femi-cylindriques en gouttière, & qui donnent naiffance aux folioles.
- *Pédoncules*, cylindriques, un peu plus longs que les corolles, raffemblés aux extrémités des branches & rameaux.
- *Vrilles*, aucune.

PORT. Dans terre, d'une graine fort une radicule, plus deux cotyledons ternés (8) ; du milieu de ces cotyledons pouffe une tige qui s'élève verticalement, & donne des branches & des rameaux peu écartés de la tige ; ces branches & rameaux font alternes ; les feuilles font auffi alternes ; les fleurs font difpofées en petits corymbes à l'extrémité des branches & rameaux ; les fruits font en épis.

VÉGÉTATION. Sort de terre en mai, ou dans la huitaine que l'on l'a femée ; elle donne des fleurs en juin ; fes fruits mûriffent en juillet ; elle périt enfuite pour ne plus reparoître.

LIEU. Les terres graffes, le voifinage des maifons, où elle fe sème d'elle-même.

PROPRIÉTÉS.
- *Odeur ;* la plante froiffée a une odeur piquante, agréable, reffemblant à celle du creffon d'eau, *Syfimbrium Nafturtium* L., mais plus agréable.
- *Saveur ;* la plante mâchée a un goût piquant, agréable, reffemblant à la faveur du creffon de fontaine.

ANALYSE. Le Creffon alenois contient les mêmes principes que le *Cochlearia*.

VERTUS. Le Creffon alenois eft incifif, déterfif, apéritif, antifcorbutique, fudorifique, anti-dartreux, propre aux maladies de la peau.

USAGE. On emploie le Creffon à la place du Creffon d'eau *Syfimbrium Nafturtium* L. dans les cachexies, dans l'hydropifie, dans le fcorbut, dans les affections faporeufes, enfin dans tous les cas où le fang a befoin d'un *ftimulus* pour réveiller l'action des folides ; on emploie de plus le Creffon alenois extérieurement en liniment cuit avec du beurre ou avec du fain-doux, pour la teigne, les dartres & la gale ; la graine s'emploie comme celle de la moutarde.

DOSE. Intérieurement on prefcrit cette plante en infufion, par poignées ; le fuc fe donne jufqu'à quatre onces ; la pommade pour la teignefe fait avec deux poignées de la plante, deux onces de fa graine pilée, que l'on fait cuire dans une demi-livre de fain-doux : on le paffe.

ÉTYMOLOGIE. *Thlafpi*. Voyez la page 28. *Nafturtium, quafi nafitarium à nafo*, parce que le Creffon picotte les narines lorfqu'on l'y introduit : c'eft de là que vient le nom françois nafitord, favoir, du mot latin *nafus*, nez, & du mot françois tordre.

NOM GÉNÉRIQUE PHYTONOMATOTECHNIQUE.

VEHFUAFUALILE.

SYNONYMIE.

THLASPI (*Nafturtium*) *floribus tetradinamis, foliis pinnatis multifidis.*

LEPIDIUM (*fativum*) *floribus tetradinamis, foliis oblongis multifidis. Lin. Syft. Pl. 3. 218. Id. Spe. Pl. 399. Mur. ed. 14. 588. Gouan. Flor. 158. Id. Hort. 315. Crantz. Crucif. 83. Sauv. Met. Fol. 234.*

NASTURTIUM *fativum. Crantz. Auft. p. 21.*

——— *hortenfe vulgatum. C. B. p. 103. Tourn. Inft. 213.*

TABOURET creffon, CRESSON des jardins, CRESSON alenois, NASITORD.

THLASPI Ruderale *B*

LEPIDIUM Ruderale.

THLASPI *RUDERALE.*

TABOURET *RUDERAL.*

ORDRES SYSTÉMATIQUES

DE TOURNEFORT.	VON LINNÉ.	DE JUSSIEU.
Cl. V. Sect. 2. G. 2. *Nasturtium.*	Classe XV. Ordre 1. *Siliculosæ.*	Cl. XII. Ord. 3. les Crucifères.

DESCRIPTION.

ENVELOPPE, aucune.

CALICE. *Périanthe* évasé, campanulé (F) de quatre feuilles égales, lancéolées, entières, petites, bordées d'un feuillet blanchâtre, & très-entières; ces feuilles sont insérées sous le germe, & ne tombent qu'après le développement du germe.

COROLLE. Nous n'avons aperçu aucun pétale à cette plante. Scopoli dit les avoir aperçus.

ETAMINES. Ordinairement *deux filets* (C) cylindriques, subulés, de la longueur du germe; *deux anthères* (2) arrondies, jaunes. Scopoli y a observé six étamines.

PISTIL. *Un germe* comprimé, elliptique, légèrement échancré à sa partie supérieure; *aucun style; un stigmate* arrondi caché dans l'échancrure du germe (E).

NECTAR. Aucune glande.

PÉRICARPE. *Silicule* presque orbiculaire, comprimée, échancrée à sa partie supérieure (5), divisée en deux loges (4) par une cloison mitoyenne plus étroite que la silicule, & qui coupe sa largeur en deux; chaque loge contient une semence; cette silicule s'ouvre en deux valves (6. 6.) carinées, concaves.

RÉCEPTACLE. *Cloison* lancéolée (7), membraneuse, placée dans le milieu du péricarpe.

SEMENCES. *Deux graines* (8) oviformes, placées une dans chaque loge du péricarpe.

RACINE. *Une fibre* verticale, pivotante, garnie de fibrilles capillacées.

TRONC. *Tige* cylindrique, verticale, branchue, branches aussi cylindriques, souvent ramifiées.

FEUILLES, de trois sortes: de caulinaires inférieures deux fois pinnées; de caulinaires supérieures simplement pinnées; & enfin de supérieures simples, linéaires. Les folioles des feuilles inférieures sont courtes & linéaires; toutes les feuilles sont très-glabres & garnies d'une nervure mitoyenne peu visible.

SUPPORTS.
- *Armes*, *Stipules*, *Bractées*, aucune.
- *Pétioles*, les feuilles inférieures ont un pétiole commun à plusieurs folioles; les supérieures sont sessiles.
- *Pédoncules*, cylindriques, solitaires, plus longs que les fruits.
- *Vrilles*, aucune.

PORT. D'une racine il sort des tiges verticales feuillées; de l'aisselle des feuilles sortent les branches; celles-ci sont obliques, & poussent d'autres feuilles; de l'aisselle des feuilles brachiales il sort quelquefois des rameaux; les feuilles sont alternes; les fleurs sont terminales, disposées en petits corymbes; les fruits sont en thyrse.

LIEU. Les terrains secs, arides, le long des chemins & des vieilles masures.

VÉGÉTATION. Sort de terre en mai, fleurit & fructifie en juin, périt en août.

PROPRIÉTÉS. { *Odeur ;* la plante froissée a une odeur désagréable & forte. *Saveur ;* la plante mâchée est piquante au goût.

ANALYSE, VERTUS, USAGE, DOSE, } inconnus.

ÉTYMOLOGIE. *Thlaspi* du mot grec θλαω. Voyez page 28. *Ruderale*, de *rudera*, décombres, démolitions, platras, parce que cette plante se trouve communément dans les démolitions des maisons.

NOM GÉNÉRIQUE PHYTONOMATOTECHNIQUE.

VECÅFUALILE.

SYNONYMIE.

THLASPI (*ruderale*) *floribus diandris apetalis, foliis radicalibus duplicato pinnatis, caulinis pinnatis, superioribus simplicibus linearibus integerrimis.*

IBERIS *Mathiol, valgr. id. 1. 293. id. 2. 1. 266.*

IBERIS *nasturtii folio. C. B. pin. 97.*

LEPIDIUM (*ruderale*) *floribus diandris apetalis, foliis radicalibus dentato pinnatis. Lin. Syst. Plant. 3. 220. id. Spe. 900. Mur. ed. 14. 587. Gouan. h. 315.*

——— *foliis imis multifidis, superioribus, linearibus integerrimis. Crantz. crucif. 85.*

NASTURTIUM *apetalum, foliis pinnatis, radicalium pinnis semi-pinnatis, caulinorum simplicibus, Hal. Helv. 508.*

——— *ruderale Scop. Fl. Car. 2, n°. 801.*

——— *Sylvestre tenuiter incisum minori fructu. T. Inst. 214.*

TABOURET ruderal.

——— menu. Lam. Fl. 2. 467.

THLASPI Alpinum &c.

THLASPI
ALPINUM.
TABOURET *des Alpes.*

ORDRES SYSTÉMATIQUES

DE TOURNEFORT.	VON LINNÉ.	DE JUSSIEU.
Cl. V. S. 2. G. 3. *Bursa pastoris.*	Cl. XV. Ord. 1. les Siliculeuses.	Cl. XII. Ord. 3. les Cruciformes.

DESCRIPTION.

Enveloppe, aucune.

Calice. *Périanthe* cylindrique campaniforme de quatre feuilles égales ovoïdes, obtuses, glabres, & qui tombent avec les pétales.

Corolle. *Quatre pétales* égaux deux fois aussi longs que les feuilles du calice, disposés en croix, limbe évasé, onglet rapproché ; chaque pétale est en œuf renversé, entier ; ils s'insèrent sous le germe, & tombent de bonne heure.

Etamines. *Six filets* inégaux : quatre sont plus grands, & excèdent à peine la gorge de la corolle ; deux sont plus petits, & sont égaux aux feuilles du calice ; *six anthères* sagittées, jaunes.

Pistil. *Un germe* en œuf renversé, légèrement échancré à sa partie supérieure, surmonté d'un *style* persistant, cylindrique, filiforme ; *un stigmate* peu distinct du style.

Nectar. Je n'oserois garantir si cette plante a quelque nectar ; je n'ai pu profiter de sa floraison pour m'en convaincre.

Péricarpe. *Silicule* en cœur renversé, convexe à la face inférieure, concave à la supérieure, bordée d'un feuillet membraneux, échancrée au sommet, garnie à l'échancrure d'un style qui persiste & qui excède la hauteur de la bordure ; cette silicule est divisée en deux loges par une cloison mitoyenne moins large que la silicule, & qui coupe la largeur en deux. Chaque loge renferme au moins deux graines (1).

Réceptacle. *Cloison* lancéolée, membraneuse, placée verticalement au milieu de la silicule, & qui coupe son grand diamètre en deux ; elle est au moins deux fois plus étroite que le péricarpe.

Semences. *Plusieurs graines* ovoïdes, lisses.

Racine *Une fibre* verticale persistante, vivace, cylindrique, garnie de fibres latérales, chevelues.

Tronc. *Tige* très-simple, cylindrique, feuillée & fleurie. *Voyez* port.

Feuilles, de deux sortes : de radicales en œuf renversé, pétiolées, très-entières, garnies d'une veine mitoyenne ; de caulinaires sessiles, ovoïdes, semi-amplexicaules, droites & ainsi garnies d'une veine mitoyenne : toutes ces feuilles sont glabres & très-entières.

Supports.
- *Armes*, aucune, pas même des poils ; toute la plante est glabre.
- *Stipules*, *Bractées*, } aucune.
- *Pétioles* ; aux feuilles radicales, ils sont moins longs que les feuilles, & aplatis supérieurement, convexes inférieurement.
- *Pédoncules* ; plusieurs, cylindriques, uniflores, solitaires,
- *Vrilles*, aucune.

(1) Je ne pourrois assurer combien chaque loge contient de graines ; je n'ai vu que des jeunes fruits, où j'ai cru en apercevoir plusieurs.

PORT. D'une *racine* sort une rosette de feuilles couchées par terre; ces feuilles sont ordinairement très-obtuses, pétiolées; du milieu de ces feuilles sort une ou plusieurs tiges; s'il en sort une, elle est alors couchée par terre dans sa partie inférieure; s'il en sort plusieurs, elles sont droites ou presque droites; le reste de la tige est droit, vertical, très-simple; les feuilles caulinaires sont alternes, sessiles, & s'écartent de la tige après leur insertion, pour former à-peu-près des angles de quarante à quarante-cinq degrés; les fleurs sont terminales, disposées en corymbes; les fruits sont en thyrse alongé.

VÉGÉTATION. Sort de terre en avril-mai, fleurit en juin; les semences sont mûres en août; la tige périt; la racine persiste.

LIEU. Les montagnes du Dauphiné & des Pyrénées.

PROPRIÉTÉS. { *Odeur.* Toute la plante froissée a une odeur herbacée. *Saveur.* Toute la plante mâchée est un peu âcre au goût

ANALYSE, VERTUS, USAGE, DOSE, } inconnus.

ETYMOLOGIE. *Thlaspi* vient du mot grec θλαω. *Voyez* la page 28. *Alpinum*, des Alpes, à cause qu'on la trouve sur les montagnes des Alpes.

NOM GÉNÉRIQUE PHYTONOMATOTECHNIQUE.

VEHFUAFUALIRE.

SYNONYMIE.

THLASPI (*Alpinum*) *siliculis obcordatis, foliis glabris; radicalibus subcarnosis obovatis integerrimis; caulinis sessilibus, corollis calice majoribus. Mur. ed. 14. 588. Jac. Flor. Austria. Vol. 3. T. 238.*

——— *Alpestre. Jac. Vind. pag. 260.*

——— *minimum Harduinius Anim. 2, pag. 33, tab. 15, fig. 2.*

——— *Alpinum, repens. C. B. Prod. 49.*

——— *Alpinum Bellidis cœruleæ folio.* Basseporte. Cabinet des estampes.

TABOURET des Alpes.

THLASPI Montanum *L.*

THLASPI
MONTANUM.
TABOURET *DES MONTAGNES.*

ORDRES SYSTÉMATIQUES.

DE TOURNEFORT.	VON LINNÉ.	DE JUSSIEU.
Cl. V. S. 2. G. 6. *Bursapastoris.*	Cl. XV. Ord. 1. les Siliculeuses.	Cl. XII. Ord. 3. les Cruciformes.

DESCRIPTION.

ENVELOPPE. Aucune.

CALICE. *Perianthe* (F) de quatre feuilles rangées en cloche, droites, égales aux étamines, moitié moins longues que les pétales; chacune (U) est ovoïde, & bordée d'un petit feuillet blanchâtre; ces feuilles tombent avec les pétales.

COROLLE. *Quatre pétales* égaux ou presque égaux, blancs, évasés, deux fois aussi grands que les feuilles du calice; chacun (2) est en œuf renversé, entier, terminé à sa partie inférieure par un onglet qui est formé par le rétrécissement insensible des pétales; ces pétales tombent de bonne heure.

ETAMINES. *Six filets* (H) inégaux: quatre sont plus grands, égaux, de la longueur des onglets des pétales ou de la longueur des feuilles du calice; deux sont plus courts; chacun est subulé (3). *Six anthères* sagittées, jaunes; *poussière fécondante* jaunâtre.

PISTIL *Un germe* entier, ovoïde, renversé, lisse, glabre, moins grand que les étamines; *un style* filiforme, cylindrique persistant (E), une fois aussi long que le germe; *un stigmate* entier peu distinct du style.

NECTAR. A peine aperçoit-on les points où l'on voit des glandes aux autres Cruciformes.

PÉRICARPE *Silicule* (5) en cœur renversé, comprimée, un peu concave à sa face supérieure, légèrement convexe par sa face inférieure, très-glabre, bordée d'un feuillet membraneux, divisée dans sa largeur en deux loges égales qui renferment ordinairement trois à quatre graines. Cette silicule s'ouvre en deux valves (C. C.) concaves en nacelle, de la grandeur & forme de la moitié du péricarpe; le style persiste, & excède l'échancrure du péricarpe (E).

RÉCEPTACLE. *Cloison* lancéolée, placée verticalement dans le milieu du péricarpe, dans un sens opposé au grand diamètre du fruit, moins large que ce même grand diamètre, membraneuse & bordée.

SEMENCES. *Deux à quatre graines* dans chaque silicule, moitié dans une loge, moitié dans l'autre; chacune de ces graines est oviforme, lisse (Z).

RACINE. *Une fibre* pivotante, dure, persistante, vivace, cylindrique, garnie de fibrilles plus déliées.

TRONC. *Tige* verticale, très-simple, feuillée, cylindrique, terminée par un corymbe de fleurs.

FEUILLES. De deux sortes, de radicales spatulées, soutenues par de très-longs pétioles; ces feuilles sont la plupart très-entières, épaisses, veinées d'un vert un peu brun; de caulinaires sessiles; tantôt ovoïdes, tantôt cordées, sagittées, & alors amplexicaules, toujours entières, garnies d'une nervure.

SUPPORTS.
- *Armes*, aucune, pas même des poils.
- *Stipules*, *Bractées*, aucune.
- *Pétioles*, les feuilles radicales sont soutenues par de très-longs pétioles aplatis supérieurement, cylindriques inférieurement; les feuilles caulinaires sont sessiles.
- *Pédoncules*, cylindriques, plus longs que les fleurs, placés au haut de la tige.
- *Vrilles*, aucune.

PORT. La racine de cette plante est vivace; elle pousse au printemps des feuilles radicales; plus, elle pousse souvent de petits jets sans feuilles; ces jets vont pousser à deux pouces du pied principal de nouvelles touffes de feuilles; ce jet tient lieu de racine à cette nouvelle plante; du milieu des feuilles radicales s'élève verticalement une tige de quatre à six pouces de haut; cette tige donne des feuilles sessiles qui s'appliquent contre la tige; les fleurs sont terminales & rapprochées en un corymbe; toutes s'épanouissent presque en même temps; après la défloraison, la tige s'alonge de manière que les fruits forment un thyrse.

LIEU. Les provinces méridionales de la France, aux monts Pyrénées, & aux environs de Montpellier.

VÉGÉTATION. Sort de terre en avril-mai, fleurit en mai-juin; les fruits sont mûrs en juillet; la tige périt, & les racines persistent.

PROPRIÉTÉS.
- *Odeur*; la plante froissée a une odeur herbacée tirant à celle de l'ail.
- *Saveur*; la plante mâchée est herbacée, salée, un peu piquante.

ANALYSE, VERTUS, USAGE, DOSE, inconnus.

ETYMOLOGIE. *Thlaspi*, du mot grec θλαω, *comprimo*, *Voyez* la page 28. *Montanum*, des montagnes, parce que cette espèce croît de préférence sur les montagnes.

NOM GÉNÉRIQUE PHYTONOMATOTECHNIQUE.

VEHFUAFUALIRE.

SYNONYMIE.

THLASPI (*montanum*) *siliculis obcordatis, foliis glabris; radicalibus subcarnosis obovatis integerrimis; caulinis amplexicaulibus, corollis calice majoribus. Lin. Syst. Pl. 3. 224. Id. Sp. pl. 902. Mur. Syst. Veget. 587. Crantz. Crucif. 77. Jac. Aust. tab. 237.*

——— *siliculis obcordatis, foliis radicalibus cuneiformibus, integerrimis. Ger. Flor. Gal. Prov. 349.*

——— *siliculis obcordatis, folis imis spathulatis, summis amplexicaulibus sagittatis. Sauv. Met. fol. 121.*

——— *alpinum bellidis cœruleæ folio. C. B. pin. 106.*

——— *montanum; Bursæ pastoris, fructu. Colum. Ecph. 275. tab. 276.*

BURSA *pastoris montana, foliis globulariæ. Tourn. Inst. 216.*

TABOURET des montagnes.

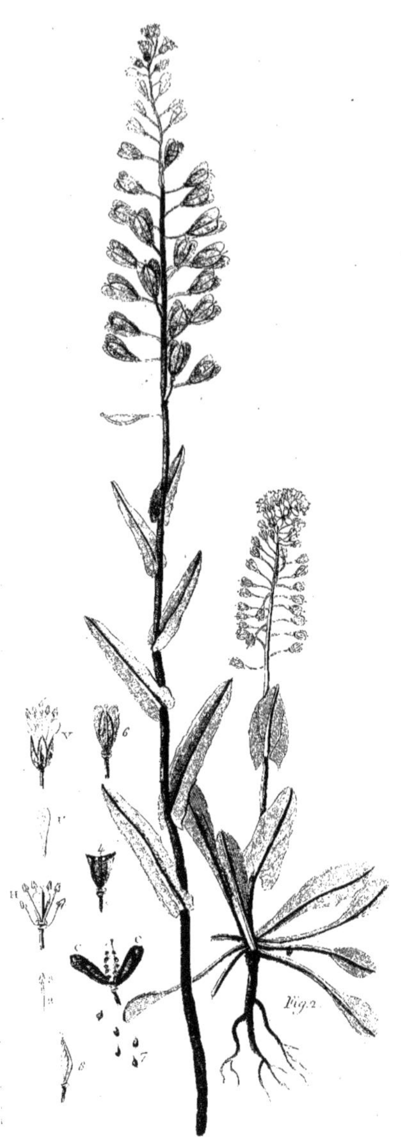

THLASPI Alpestre

THLASPI
ALPESTRE.
TABOURET *ALPESTRE.*

ORDRES SYSTÉMATIQUES

DE TOURNEFORT.	VON LINNÉ.	DE JUSSIEU.
C. V. S. 2. G. 6. *Bursa pastoris.*	Cl. XV. Ord. 1. les filiculeuses.	Cl. XII. Ord. 3. les Cruciformes.

DESCRIPTION.

ENVELOPPE, aucune.

CALICE. *Périanthe* campaniforme de quatre feuilles égales, uniformes, inférieures, droites, un tiers moins longues que les pétales ; chacune est ovoïde, pointue, très-glabre, concave & bordée d'un feuillet membraneux blanchâtre ; le milieu est rougeâtre ou violâtre ; elles tombent avec la corolle.

COROLLE. *Quatre pétales* (V) égaux, blancs, un tiers plus longs que les feuilles du calice, ordinairement moins longs que les filets des étamines, rapprochés & droits ; chaque pétale (U) est en œuf renversé, élancé, très-entier, & terminé inférieurement par un onglet qui est formé par le rétrécissement insensible du pétale. Ces pétales sont insérés sous le germe, & tombent de bonne heure.

ETAMINES. *Six filets* (2) inégaux ; cylindriques, subulés ; quatre sont plus longs ou aussi longs que les pétales, égaux entre eux ; deux sont plus petits, & sont opposés un à un. *Six anthères* (H) sagittées, purpurines (3) ; *poussière fécondante* blanche.

PISTIL. *Un germe* comprimé, en cœur renversé, lisse, très-glabre, surmonté d'un style très-saillant, cylindrique, persistant ; celui-ci terminé par un *stigmate* peu distinct du style (5).

NECTAR. *Deux glandes* entre les petites étamines & le pistil.

PÉRICARPE *Silicule* (6) comprimée, bordée d'une membrane très-aplatie, renflée au milieu, très-glabre, ayant la figure d'un cœur renversé, surmontée d'un style qui persiste, & dont la longueur égale & souvent surpasse la hauteur du feuillet membraneux qui borde la silicule ; ce péricarpe est divisé en deux loges par une cloison verticale mitoyenne moins large que la silicule, & contraire au grand diamètre du fruit ; cette silicule s'ouvre en deux valves (C.C.) ; chacune a la forme d'un petit bateau ; chaque loge renferme quatre à six graines.

RÉCEPTACLE. *Cloison* (8) lancéolée, moins large que le péricarpe, membraneuse, bordée, savoir : à son bord qui répond à la face supérieure de la silicule, par une ligne presque droite ; & à son bord qui concourt à former la face inférieure, par une ligne courbée en portion d'arc.

SEMENCES. *Plusieurs graines* (7) lisses, oviformes, ordinairement au nombre de six dans chaque loge ; elles sont brunes-rougeâtres.

RACINE. *Une fibre* (fig. 2) verticale, cylindrique, pivotante, garnies de fibres latérales qui se ramifient.

TRONC. *Tige* cylindrique, glabre, un peu rougeâtre, très-simple, garnie de feuilles, terminée par des fleurs.

FEUILLES. De deux ou trois sortes, savoir : de radicales (fig. 2), spatulées, très-pétiolées, très-entières ; plus des feuilles inférieures lancéolées, légèrement pétiolées, quelquefois un peu dentées aux bords, veinées ; enfin des feuilles caulinaires, sessiles, sagittées, amplexicaules, légèrement dentées aux bords, quelquefois très-entières ; le milieu est garni d'une nervure qui se ramifie ; toutes sont très-glabres.

SUPPORTS.
- *Armes*, aucune ; la plante n'a pas même des poils ; elle est glabre dans toutes ses parties.
- *Stipules*, *Bractées*, aucune.
- *Pétioles*, seulement aux feuilles radicales ; ces pétioles sont longs, aplatis supérieurement ; les feuilles inférieures en ont quelquefois, mais les feuilles caulinaires sont toujours sessiles.
- *Péduncules*, cylindriques, de la longueur de la silicule, solitaires & uniflores.
- *Vrilles*, aucune.

PORT. D'une racine sortent plusieurs feuilles horizontales, spatulées, couchées sur terre ; sur ces feuilles viennent d'autres feuilles qui partent du commencement de la tige ; celles-ci sont lancéolées ; enfin sort & s'élève une tige très-simple, verticale ; cette tige est garnie de quelques feuilles alternes amplexicaules ; les fleurs sont en corymbe ; aux fleurs tombées succède un thyrse de fruits. La plante, dans sa plus grande hauteur, est de dix-huit pouces ; sa grandeur ordinaire est de neuf à douze pouces.

LIEU. Les provinces méridionales de la France, aux environs de Montpellier, sur les lieux arides & élevés.

PROPRIÉTÉS.
- *Odeur* ; la plante froissée a une odeur herbacée, tirant à celle de l'ail.
- *Saveur* ; la plante mâchée est herbacée, salée, avec un arrière-goût piquant.

ANALYSE, VERTUS, USAGE, DOSE, inconnus.

ÉTYMOLOGIE. *Thlaspi*, d'un mot grec. *Voyez* la page 28. *Alpestre* du mot *Alpes*, les montagnes des Alpes.

NOM GÉNÉRIQUE PHYTONOMATOTECHNIQUE.

VEHFUAFUALIRE.

SYNONYMIE.

THLASPI (*alpestre*) *siliculis obcordatis, foliis subdentatis, caulinis amplexicaulibus, petalis longitudine calicis, caule simplici. Lin. Syst. Plant. 3. 224. id. Spe. 903. Mur. Syst. Veget. 588. Gouan. Flor. Monsp. 470.*

——— (*alpestre*) *siliculis obcordatis, foliis dentatis, radicalibus lanceolatis, petiolatis caulinis, sagittatis, staminibus exsertis. Gouan. Obser. 40.*

——— *vaccariæ folio, bursæ pastoris siliquis. C. B. prod. p. 47.*

LEPIDIUM *caule erecto, foliis radicalibus ovatis, petiolatis, caulinis ovatis amplexicaulibus. Hal. Helv. n°. 519.*

TABOURET alpestre.

Nota benè. Le *Thlaspi perfoliatum minus* Tourn. Inst. p. 212, ne doit point être rapporté à cette plante, mais bien au *Thlaspi perfoliatum* L. Si M. de Tournefort avoit connu l'espèce que nous venons de décrire, il l'auroit rapportée au genre de la Bourse-à-berger, *Bursa pastoris*, à cause de la forme de la silicule. Le *Thlaspi Alpinum* de Crantz est une nouvelle espèce, que Haller a mal-à-propos rapportée à celle-ci. *Voyez* la page 47.

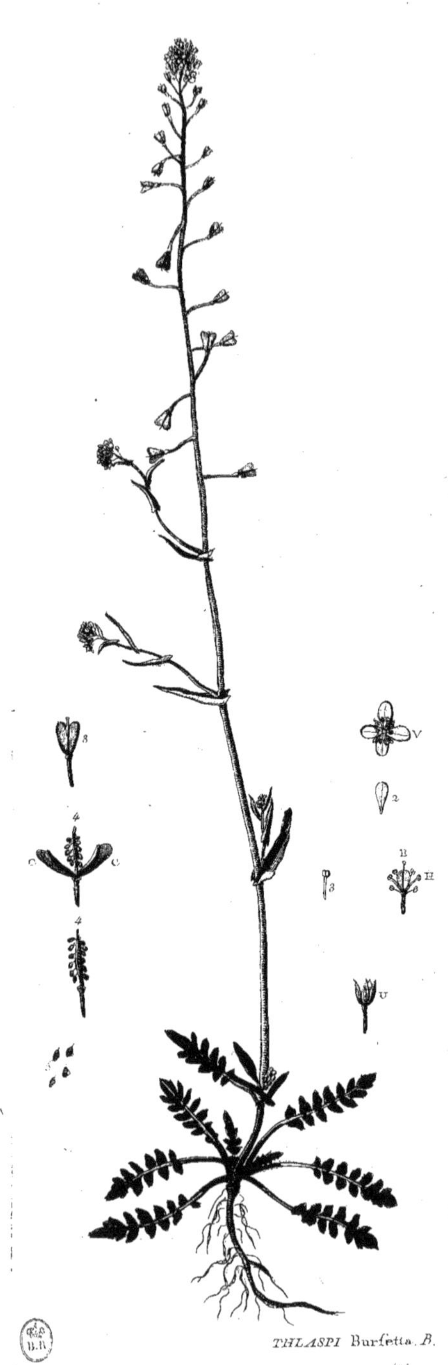

THLASPI Burfetta. B.

THLASPI
BURSETA.
TABOURET BOURSETTE.

ORDRES SYSTÉMATIQUES

DE TOURNEFORT.	VON LINNÉ.	DE JUSSIEU.
Cl. V. S. 2. G. 6. *Bursa pastoris.*	Cl. XV. Ord. 1. Siliculeuses.	Cl. XII. Ord. 3. Cruciformes.

DESCRIPTION.

La plante que nous avons fait représenter sous le nom de *Thlaspi burseta*, est une variété de celle qui est figurée au tome II, page 45, sous le nom de *Thlaspi bursa pastoris*. La seule différence consiste dans les feuilles radicales : le Tabouret boursette les a pinnées ; le Tabouret bourse à berger les a tout au plus sinuées. A part cette différence, la description de l'une est en tout applicable à l'autre ; nous engageons donc nos lecteurs à lire la description du Tabouret bourse à berger, insérée page 45 du tome II, & d'ajouter au mot péricarpe: *Cette silicule n'est point bordée par un feuillet membraneux.*

La bourse à berger varie prodigieusement par sa forme & sa grandeur ; plusieurs de ces variétés sont si remarquables, que nous nous sommes déterminés de finir l'article des Tabourets par une énumération des principales variétés :

1α. THLASPI *burseta calicina.* Le périanthe persiste dans cette variété bien long-temps au-delà de la chute de la corolle.

2β. ——— *burseta tricocca.* Le péricarpe de celle-ci est triangulaire & triloculaire, au lieu qu'il est aplati & biloculaire aux autres variétés.

3γ. ——— *burseta integrifolia.* Cette variété a toutes ses feuilles entières ; celles de la tige ne sont point en fer de flèche.

4δ. ——— *burseta sagittifolia.* Les feuilles caulinaires de celle-ci sont en fer de flèche ; les inférieures sont entières. *Voyez* le tome II, page 45, fig. 1.
Bursa pastoris major folio non sinuato. C. B. pin. 108. Tourn. Inst. 216.

5ε. ——— *burseta sinuata.* Cette variété a les feuilles caulinaires sagittées ; les radicales sont sinuées aux bords. *Voyez* Phyton. tome II, page 45, fig. 2.
Bursa pastoris, folio sinuato. C. B. Pin. 108. Tourn. Inst. 216. Dod. Pent. 103. Mathiot. Valgrise. ed. 1. 569. ed. 2. part. 1, pag. 521.

6ζ. ——— *burseta taraxacifolia.* Cette variété, qui rentre dans la cinquième, a les feuilles radicales roncinées & absolument semblables à celles du Pissenlit.

7η. ——— *burseta pinnata.* Celle-ci est la plus profondément découpée de toutes ; ses feuilles radicales sont pinnées. *Voyez* la figure ci-contre.

GENRE III.

BISCUTELLA.

Les Lunetières ont un calice de quatre feuilles; quatre pétales égaux jaunes, six étamines inégales, dont deux plus courtes (*caractères classiques*); le fruit est une silicule (*caractères de l'ordre*); cette silicule est divisée dans sa largeur en deux parties égales par une cloison verticale opposée au grand diamètre, & beaucoup plus étroites que ce même grand diamètre (*caractères du sous-ordre*). Enfin cette silicule est très-comprimée & formée par le rapprochement de deux corps presque orbiculaires qui viennent se réunir par leur bord, d'où il résulte deux échancrures, une à la partie inférieure très-apparente, une à la partie supérieure qui quelquefois est remplie par le pistil (*caractères essentiels*).

Caractères d'approximation.

Nous avons déjà établi la ressemblance & la différence qui existe entre un Iberis & le genre des Lunetières, & nous avons dit, page 1, que l'*Iberis sempervirens* seroit une Lunetière, si les pétales étoient égaux. Nous avons dit, page 25, la différence qui se fait apercevoir entre les Tabourets & les Lunetières; différences qui consistent en ce que les Tabourets ont un fruit tout au plus une fois orbiculaire, & non échancré à la base, au lieu que les Lunetières ont leurs péricarpes deux fois orbiculaires & échancrés à la base. Une seule Lunetière, *Biscutella auriculata*, a des rapports avec le *Cochlearia* & avec le Passe-rage; son fruit est plus comprimé et entier à sa partie supérieure; mais la différence est grande, si l'on considère le bas de ce même péricarpe, qui dans la lunetière est très-échancré, au lieu qu'aux deux autres genres il est très-entier. Si ce caractère ne paroissoit pas assez tranchant, on pourroit y ajouter un caractère beaucoup moins essentiel, tiré de la couleur des pétales. Les Lunetières les ont jaunes, les Cransons & les Passe-rage les ont blancs. D'après ces différences, les caractères essentiels du genre des Lunetières sont :

Biscutella, *Cruciforme, silicule très-comprimée, fortement échancrée à la base, souvent biorbiculaire; pétales jaunes.*

espèces.

1. Biscutella *dydima*. Silicule biorbiculaire, lisse aux bords; pétales garnis chacun à la naissance de l'onglet, de deux prolongemens en forme d'écailles ou de petits pétales qui se rebroussent vers le haut.
2. ———— *lævigata*. Silicule biorbiculaire bordée d'aspérités; pétales en œuf renversé non apendiculés à la base.
3. ———— *auricula*. Silicule cordée, entière à sa partie supérieure; deux feuilles du calice forment à la base deux gibbosités très-apparentes.

TABLEAU DES LUNETIÈRES.

Biscutella. *Cruciformes siliculeuses, silicules jumellées.*	Calice béant, silicule biorbiculaire.	Les pétales sont simples, sans oreillettes à la base.....	Biscutella *lævis*. L.
		Les pétales ont chacun deux oreillettes à la base.....	———— *didyma*. B.
	Calice rapproché; deux feuilles sont bossues à la base; fruit en cœur..................		———— *auriculata*. L.

BISCUTELLA Auriculata. *L.*

BISCUTELLA
AURICULATA.
LUNETIERE *AURICULÉE.*

ORDRES SYSTÉMATIQUES

DE TOURNEFORT.	VON LINNÉ.	DE JUSSIEU.
Cl. V. S. 3. G. 2. *Thlaspidium.*	Cl. XV. Ord. 1. les Siliculeuses.	Cl. XII. Ord. 3. Cruciformes.

DESCRIPTION.

ENVELOPPE, aucune.

CALICE. *Périanthe* (U) cylindrique de quatre feuilles rapprochées inégales : les deux extérieures sont plus longues & plus larges ; elles descendent le long du pédoncule, sans y adhérer, & forment dans cette partie deux bosses creuses en cul de sac (3) ; le reste de chaque feuille est lancéolé & égale la longueur des deux petites. Ces dernières semblent s'insérer plus haut, & se terminent à la hauteur des deux plus grandes ; elles sont linéaires, opposées & placées entre les deux grandes, une de chaque côté.

COROLLE. *Quatre pétales* jaunes disposées en entonnoir ; chacune (2) est formée d'une lame en œuf renversé, & d'un onglet linéaire plus long que la lame, mais égal aux feuilles du calice ; les quatre onglets sont appliqués contre les étamines par le calice, d'où il résulte la forme d'un tube ; les quatre lames sont évasées, horizontales, & excèdent à-peu-près de la moitié du calice.

ÉTAMINES. *Six filets* rapprochés du pistil, droits, inégaux : quatre sont égaux, plus grands, de la grandeur du pistil ; deux sont plus petits & opposés ; chaque filet est (4) subulé, aplati dans sa partie inférieure, cylindrique à la partie supérieure. *Six anthères* (5) sagittées jaunes.

PISTIL. *Un germe* ovoïde, lisse, comprimé ; *un style* subulé, persistant, aussi long que le germe ; *un stigmate* tronqué & peu distinct du style (E).

NECTAR. *Deux bosses* au bas des deux grandes feuilles du calice ; ces deux bosses sont caves en forme de capuchon (3).

PÉRICARPE. *Silicule* cordée, presque réniforme, comprimée, lisse, divisée en deux loges (6), & bordée ; cette silicule s'ouvre en deux valves (C.C.) ; chacune est de la figure de la moitié du fruit ; elles sont unies ensemble au moyen du style qui persiste & qui forme la cloison des deux loges. *Voyez* réceptacle. Au milieu de chaque valve on aperçoit une élévation orbiculaire ; elle répond à la loge, & a une graine qui y est contenue.

RÉCEPTACLE. *Cloison* mitoyenne (E) linéaire, très-étroite, placée entre les deux valves, & qui coupe le fruit en deux dans sa largeur.

SEMENCES. *Deux graines*, une dans chaque valve (LL) ; chacune est lisse, elliptique, renflée.

RACINE. *Une fibre* pivotante, cylindrique, produisant plusieurs racines latérales, cylindriques, qui se ramifient.

TRONC. *Tige* verticale cylindrique, pleine, velue, flexueuse, feuillée, branchue, souvent même ramifiée. Les branches sont écartées de la tige & feuillées.

FEUILLES. Les inférieures radicales sont pétiolées, lancéolées, sinuées par les bords ; les inférieures caulinaires sont lancéolées, sessiles, sinuées par des sinus couchés vers l'extrémité & en forme de dents de scie ; Les supérieures sont sessiles, ovoïdes, élancées, entières ; toutes ces feuilles ont une nervure au milieu, sont velues, épaisses & rudes.

SUPPORTS.
- *Armes*, aucune, la plante eſt velue & rude dans preſque toutes ſes parties.
- *Stipules*, *Bractées*, } aucune.
- *Pétioles*, ſeulement aux feuilles radicales; ils ſont aplatis ſupérieurement, cylindriques inférieurement.
- *Pédoncules*; pluſieurs moins longs que les fruits mûrs; chacun eſt cylindrique, ſolitaire, velu à ſa partie ſupérieure par des poils qui ſont réfléchis en bas.
- *Vrilles*, aucune.

PORT. D'une racine ſort quelques feuilles radicales de peu de durée, plus une tige, quelquefois pluſieurs tiges; ſoit qu'il y en ait une ou pluſieurs, elles ſont verticales; les feuilles ſont alternes, obliques; les branches ſont roides, écartées, axillaires; les fleurs ſont grandes, terminales; les fruits ſont diſpoſés en épis ou thyrſes; la hauteur de la plante varie depuis un pied juſqu'à trois pieds.

VÉGÉTATION. Sort de terre en avril-mai, fleurit en juin; les fruits ſont mûrs en juillet-août; la plante périt pour ne plus reparoître; ſa durée eſt tout au plus de cinq mois.

LIEU. La Provence.

PROPRIÉTÉS.
- *Odeur*. La plante froiſſée à une odeur herbacée.
- *Saveur*. La plante mâchée eſt aqueuſe, ſalée, âcre & piquante à la gorge; la racine eſt un peu plus douce.

ANALYSE, VERTUS, USAGE, DOSE, } inconnus.

ETYMOLOGIE. *Biſcutella*, de *bis* & *ſcutum*, double bouclier, double écu. *Voyez* la page 58. *Auriculata*, auriculée, qui a des oreilles, nom donné à cette eſpèce, à cauſe des renflemens que l'on obſerve aux deux plus grandes feuilles du calice.

NOM GÉNÉRIQUE PHYTONOMATOTECHNIQUE.

VEHFUMFUAXÆLE.

SYNONYMIE.

BISCUTELLA (*auriculata*) *calicibus baſi utrinque appendiculatis*, *ſiliculis coalitis. Gerard. Flor. Gal. Prov.* 353.

BISCUTELLA *auriculata*, *calicibus*, *nectario utrinque gibbis*, *ſiliculis in ſtyllum coeuntibus. L. Syſt. Pl.* 3. 240. *id. Spe.* 914.... *Mur. Syſt. Veget. ed.* 14. 592. *Gouan. Hort.* 322. *Mil. Dic. n°.* 1. *Lamk.* 2. 474.

JONDRABA *aliſoïdes lutea*, *anguſtifolia. Barel. Icon.* 230. *Hiſt.*.....

LEUCOIUM *montanum*, *flore pedato. Colum. ecphras* 2. *pag.* 59, *tab.* 61.

THLASPI *biſcutatum villoſum*, *flore calcari donatum C. B. Pin.* 107. *Prod.* 49. *Deſcrip. Rai. Hiſt.* 2. 827.

THLASPIDIUM *hirſutum*, *calice floris auriculato. Tourn. Inſt* 214.

LUNETIÈRE auriculée. Lam. 2. 474.

BISCUTELLA Laevigata

BISCUTELLA
LEVIGATA.
LUNETIERE *LISSE.*

ORDRES SYSTÉMATIQUES

DE TOURNEFORT.	VON LINNÉ.	DE JUSSIEU.
Cl. V. S. 2. G. 3. *Thlaſpidium.*	Claſſe XV. Ord. 1. Siliculeuſes.	Cl. XII. Ord. 3. les Cruciformes.

DESCRIPTION.

ENVELOPPE, aucune.

CALICE. *périanthe* (F) inférieur, caduc, formé de quatre feuilles béantes preſque horizontales, un tiers moins longues que les pétales; chacune (2) eſt lancéolée, aiguë, concave, glabre & très-entière.

COROLLE. *Quatre pétales* (V) égaux, évaſés, uniformes, jaunes, plus aigus à leur naiſſance qu'à leur extémité, & inférés ſous le germe. Chaque pétale eſt lancéolé, obtus légèrement, en œuf renverſé; l'onglet n'eſt preſque point diſtinct du limbe, & on ne trouve point les deux oreillettes rebrouſſées qu'on obſerve aux pétales de la *Lunetière jumellée* décrite page 59.

ETAMINES. *Six filets* inégaux (H): quatre ſont plus grands, de la longueur du piſtil, & ſont placés deux à deux ſur le devant des faces aplaties du germe; les deux autres ſont plus courts, & ſeulement de la longueur des feuilles du calice; ceux-ci ſont placés vis-à-vis des angles du germe; chaque filet (3) eſt cylindrique, ſubulé. *Six anthères* (4) ſagittiformes jaunes.

PISTIL. *Un germe* (5) comprimé, biorbiculaire, liſſe; *un ſtyle* cylindrique de la longueur du germe; *un ſtigmate* en tête tronquée (E).

NECTAR. *Six glandes* ſphériques, très-petites, inviſibles à l'œil, mais viſibles par le ſecours d'une bonne loupe; deux de ces glandes ſont placées à la baſe extérieure de chaque paire des grandes étamines; les quatre petites ſont ſituées une de chaque côté de la baſe de chacune des petites étamines, une à droite, l'autre à gauche.

PÉRICARPE. *Deux ſilicules* orbiculaires (C.C), appliquées contre le réceptacle, chacun de ſon côté, par une portion de ſon bord, ce qui donne à ce fruit la figure d'une lunette à mettre ſur le nez; chaque orbiculaire eſt liſſe au milieu, comprimé, renferme une ſemence, & tombe ſans s'ouvrir; le bord eſt cerné & garni de petites aſpérités écailleuſes très-viſibles à la vue.

RÉCEPTACLE. *Poinçon* (6) comprimé dans ſa partie inférieure, cylindrique par ſa partie ſupérieure (c'eſt le ſtyle); ce poinçon donne attache aux ſilicules orbiculaires dont nous avons parlé au mot péricarpe, & aux deux graines par un fil ombilical que l'on aperçoit à travers les membranes des ſilicules.

SEMENCES. *Une graine* daans chaque orbiculaire; cette graine eſt comprimée, réniforme.

RACINE. *Une fibre* pivotante, flexueuſe, garnie de fibres latérales capillacées

TRONC. *Tige* verticale, flexueuſe, velue, cylindrique, d'abord ſimple, devient branchue; elle eſt feuillée; les branches ſont verticales, rapprochées de la tige.

FEUILLES, toutes ſimples, élancées; les inférieures peu dentées, en œuf renverſé, & pétiolées;

les moyennes ſont élancées, rétrécies en pétiole, dentées à dents de ſcie ; les ſupérieures & brachiales ſont ſeſſiles, ovoïdes, élancées, très-entières ; toutes ſont garnies d'une veine qui ſe ramifie; les ſurfaces ſont poilues; les poils ſont roides & ſimples.

SUPPORTS.
- *Armes*, toute la plante eſt couverte de poils roides, ſimples & droits, excepté les parties fleuries & en fruit.
- *Stipules*, *Bractées*, aucune.
- *Pétioles*, ſeulement aux feuilles radicales; ces pétales ſont cylindriques, inférieurs, & aplatis par la face ſupérieure.
- *Pédoncules*, un à un, cylindriques, liſſes ſans poils, & plus longs que les fruits.
- *Vrilles*, aucune

PORT. De terre ſort une roſette de feuilles redreſſées; d'entre ces feuilles pouſſe une tige d'abord ſimple, feuillée; cette tige, en s'alongeant, pouſſe trois à quatre branches florifères; les branches pouſſent quelquefois des rameaux auſſi florifères; les feuilles ſont alternes; les fleurs ſont terminales, diſpoſées par petites panicules ; les fruits ſont en épi.

VÉGÉTATION. Sort de terre en avril-mai, fleurit en juin; le fruit mûrit à fur & à meſure; la plante périt en août, pour ne plus reparoître.

LIEU. Les provinces méridionales de la France.

PROPRIÉTÉS.
- *Odeur;* la plante non froiſſée eſt inodore; froiſſée, elle a une odeur d'herbe tirant ſur l'odeur des feuilles de Raifort.
- *Saveur;* les feuilles mâchées, ſont ſalées, herbacées.

ANALYSE. VERTUS. DOSE. inconnues.

ETYMOLOGIE. *Biſcutella* des mots *bis*, deux fois, doublement, & *ſcutum*, bouclier, comme qui diroit plante à double bouclier; ce nom a été donné à ce genre, parce que ſes fruits reſſemblent à deux boucliers réunis enſemble par le bord. Le nom de *Lunetière* lui a été donné, à cauſe de la reſſemblance de ce même fruit avec des lunettes qu'on met ſur le nez. *Lævigata* de *lævis*, liſſe, à cauſe que cette eſpèce a les fruits liſſes.

NOM GÉNÉRIQUE PHYTONOMATOTECHNIQUE.

VEHFUHFUAXÆLI.

SYNONYMIE.

BISCUTELLA (*lævigata*) *ſiliculis glabris, foliis lanceolatis ſerratis. L. Syſt. Plant. 241. Mur. ed. 14. 592. Jacq. Flor. Auſtr. 4. tab. 339.*

CLIPEOLA (*didyma*) *ſiliculis orbiculato-didymis à ſtylo divergentibus. Crantz. Crucif. 93.*

JONDRABA *apula alyſſoïdes ſpicata. Barel. Icon. 253. fig. 1.*

THLASPIDIUM *annuum flore pallidè luteo. Tourn. Inſt. 214.*

LUNETIÈRE liſſe.

Nota benè. Nous avons nommé cette plante *Biſcutella lævigata L.*, d'après l'exacte confrontation que nous en avons faite avec la figure que donne Jacquin, & que Von Linné avoue. Ce nom conviendroit pourtant mieux à l'eſpèce ſuivante que nous avons nommée *Biſcutella didyma;* car ſon fruit eſt parfaitement liſſe dans toutes ſes parties.

BISCUTELLA Didyma. *B.*

BISCUTELLA

DIDYMA.

LUNETIERE *JUMELLÉE.*

ORDRES SYSTÉMATIQUES

DE TOURNEFORT.	VON LINNÉ.	DE JUSSIEU.
Cl. V. S. 2. G. 3. *Thlaspidium.*	Cl. XV. Ord. 1. les Siliculeuses.	Cl. XII. Ordre 3. les Crucifères.

DESCRIPTION.

ENVELOPPE Aucune.

CALICE. *Périanthe* (F) de quatre feuilles inégales, caduques, d'un vert jaunâtre; deux sont un peu plus larges (3) que les deux autres; toutes sont concaves, ovoïdes, lancéolées, très-entières, de la moitié de la grandeur des pétales, & appliquées contre la corolle.

COROLLE. *Quatre pétales* égaux (V), droits, jaunes, disposées en croix; chaque pétale (U) est en œuf renversé, & très-entier; la partie inférieure est remarquable par un petit onglet surmonté de deux petites oreillettes qui se rebroussent sur le pétale en forme de crochets ou de petites coquilles (2. 2.); ces oreillettes sont formées par le limbe du pétale qui n'accompagne point l'onglet dans son insertion; l'œil seul les aperçoit toutes les huit au fond de la corolle, sous la forme de huit petites glandes, mais la loupe & la dissection font voir à quoi sont dues ces apparences. Nous rapportons ces parties au mot nectar.

ETAMINES. *Six filets* inégaux cylindriques: deux sont plus petits, & occupent les deux côtés du germe vis-à-vis l'un de l'autre (H.H); quatre sont plus longs & aussi cylindriques (4), & sont placés en face de la partie aplatie du germe, deux de chaque côté. *Six anthères* (5) arrondies, jaunes, & qui s'ouvrent par les côtés par plusieurs stries; poussière fécondante jaune & cylindrique.

PISTIL. *Un germe* (6) aplati, biorbiculaire; *un style* cylindrique de la longueur des étamines (7); *un stigmate* obtus (E) persistant.

NECTAR. *Deux glandes* placées une de chaque côté sous le dos des deux grandes étamines; plus huit oreillettes, deux sur chaque pétale. Nous les avons décrites au mot corolle (2.2.).

PÉRICARPE. *Deux silicules* orbiculaires (X.X.) unies ensemble par le bord au moyen du réceptacle; ces silicules sont comprimées, bordées par le bord opposé au réceptacle, un peu renflées au milieu; elles sont très-lisses, se séparent (C.C.) & tombent avec leurs graines.

RÉCEPTACLE. *Cloison* (D) verticale, linéaire, posée entre les deux silicules, & qui bouche leurs ouvertures, & donne attache aux graines.

SEMENCES. *Deux graines* (L.L.) comprimées, réniformes.

RACINE *Une fibre* pivotante, cylindrique, garnie de quelques fibriles latérales courtes.

TRONC. *Tige* verticale feuillée, branchue, cylindrique; les branches sont aussi cylindriques, peu feuillées, ascendantes & florifères.

FEUILLES, de deux sortes très-simples: d'abord de radicales pétiolées, lancéolées; sinuées profondément au bord, presque pinnatifides; les sinus de la base sont plus profonds, d'où il résulte que le sommet de ces feuilles est plus large que la base; de caulinaires sessiles peu nombreuses, ovoïdes, peu dentées, souvent très-entières; toutes sont veinées velues & rudes au tact.

SUPPORTS.
- *Armes*, aucune ; presque toutes les parties de la plante sont velues.
- *Stipules*, *Bractées*, aucune.
- *Pétioles*, seulement aux feuilles radicales ; ils sont aplatis supérieurement, cylindriques inférieurement.
- *Pédoncules*, solitaires, cylindriques, uniflores.
- *Vrilles*, aucune.

PORT. D'une *racine* sort une touffe de feuilles ; du milieu de ces feuilles sort une tige verticale; cette tige pousse deux à quatre feuilles alternes; de l'aisselle de chaque feuille sort une branche rarement feuillée ; les fleurs sont terminales, plus grandes qu'à l'espèce précédente ; les fruits sont en thyrse.

VÉGÉTATION. Sort de terre en avril-mai, fleurit en juin-juillet; les graines sont mûres en juillet-août; la plante périt; sa durée totale est de quatre mois tout au plus.

LIEU. Les collines des environs d'Aix en Provence.

PROPRIÉTÉS.
- *Odeur ;* la plante froissée a une odeur herbacée tirant un peu sur l'odeur des feuilles de cresson, mais très-foible.
- *Saveur ;* la plante mâchée est salée, herbacée, légèrement astringente.

ANALYSE, VERTUS, USAGE, DOSE, inconnus.

ÉTYMOLOGIE. *Biscutella* de *bis* & *scutum*. *Voyez* la page 58. *Didyma*, du mot grec διδυμος, *geminus*, *gemellus*, *duplex*, jumeaux, jumelle ou double, d'où nous avons fait jumellée, nom donné à cette plante, à cause des deux orbiculaires qui constituent le fruit; ce nom lui convient encore par les deux écailles qu'on observe à chaque pétale.

NOM GÉNÉRIQUE PHYTONOMATOTECHNIQUE.

VEHFURFUAXÆLI.

SYNONYMIE.

BISCUTELLA (*didyma*) *siliculis orbiculato didymis, glabris, petalis auriculatis.*
———— *siliculis orbiculato didymis à styllo divergentibus. L. Spe. 911. Mil. Dic. n°. 2. Gouan. Flor. Monsp. 162. id. Hort. 322. Sauv. Met. fol. 72. id. 282.*

LUNARIA *lutea Dalechampi Hist. 314.*

THLASPIDIUM *Monspeliense hieracifolio hirsuto. Tourn. Inst. 214.*

LUNAIRE jaune de Dalechamp, ed. fr. tom. 2, pag. 204.

LUNETIÈRE jumelle. Lam. 2. 475.

GENRE IV.

COCHLEARIA.

Le genre des Cranſons a pour caractère un calice de quatre feuilles, une corolle de quatre pétales (égaux blancs) ſix étamines inégales, dont deux plus courtes (*caractères claſſiques*); le piſtil devient une ſilicule (*caractères de l'ordre*); cette ſilicule eſt partagée verticalement dans ſa largeur en deux loges par une cloiſon moins large que le péricarpe (*caractères du ſous-ordre*); enfin le fruit eſt obtus au ſommet; ſes deux valves ſont concaves, arrondies ſur le dos, & n'ont point à cette partie un bord tranchant (*caractères eſſentiels*).

Caractères d'approximation.

Les cranſons reſſemblent parfaitement aux tabourets par leur calice, la corolle, les étamines & par le piſtil; mais ils en diffèrent par la forme de leurs fruits. Les Tabourets ont leur ſilicule très-comprimée & échancrée au ſommet. Les cranſons au contraire ont leur ſilicule ordinairement renflée, & le ſommet en eſt toujours entier; les bords de la ſilicule des Tabourets ſont tranchans; ceux des Cranſons au contraire ſont obtus & arrondis.

Les Cranſons ſe rapprochent beaucoup des paſſe-rage: le calice, la corolle, les étamines, le piſtil ſont les mêmes; le fruit, comme aux paſſe-rage, eſt entier par le ſommet, mais ils diffèrent par ce même fruit; les paſſe-rage ont leur ſilicule comprimée les bords tranchans, & le ſommet pointu; les Cranſons au contraire ont leurs ſilicules renflées & à bords arrondis, obtus (1), & l'extrémité ſupérieure obtuſe.

Un Cranſon, *Cochlearia coronopus*, a des rapports avec les Lunetières: ſon fruit ne s'ouvre point (2); il eſt preſque biorbiculaire; mais l'échancrure que l'on obſerve au bas des ſilicules des Lunetières manque abſolument au Cranſon-corne-de-cerf, de plus, un caractère beaucoup plus frappant, mais que l'on ne doit regarder que comme caractère ſecondaire, quoiqu'il ſe retrouve à toutes les eſpèces, c'eſt que les Lunetières ont les corolles jaunes, au lieu que les Cranſons les ont conſtamment blanches.

Les Cranſons & les Camelines ſe rapprochent auſſi beaucoup, & on ſeroit tenté de ne faire de ces deux genres qu'un ſeul & même genre; pourtant, ſi l'on compare la cloiſon des ſilicules des Camelines avec la largeur du fruit, on verra que les Camelines ont leur cloiſon de la largeur du grand diamètre, & que cette cloiſon eſt placée dans le même ſens de ce même grand diamètre, au lieu que les Cranſons ont la cloiſon placée dans une direction contraire au grand diamètre du fruit, & cette cloiſon eſt plus étroite que le grand diamètre de la ſilicule. De plus, les Camelines, à l'exception d'une ſeule eſpèce, *miagrum ſaxatile L.*, ont leurs pétales jaunes; tous les Cranſons au contraire ont leurs pétales blancs. D'après la comparaiſon que nous venons de faire des Cranſons avec les genres qui lui reſſemblent, on peut réduire ſes caractères aux marques ſuivantes:

COCHLEARIA. *Cruciforme ſiliculeuſe, cloiſon moins large que la ſilicule, pétales blancs, égaux, ſilicule obtuſe, valves arrondies ſur le dos.*

---

(1) Le Cronſon dravier, *Cochlearia draba*, a ſes ſilicules pointues par le ſommet, & leur forme eſt abſolument la même que celle des fruits des Paſſe-rage; cette conformité eſt telle, que pour peu que l'on compare cette plante avec les eſpèces de Paſſe-rage connues, on verra la néceſſité de l'y rapporter de nouveau, ainſi que l'avoit fait MM. de Tournefort, *Inſt.* Linné, *Spe. Fl. ed. de 1753, pag.* 645. Crantz, *Stirp. Auſtriacum, page* 10, *&c. &c.*

(2) Le Cranſon corne-de-cerf diffère prodigieuſement des vrais Cranſons: ſon fruit ne s'ouvre point; il eſt aplati, deux caractères qu'on ne trouve point aux autres Cranſons. Ces marques diſtinctives, jointes aux ſix nectars qu'on y obſerve, feroient d'excellens caractères pour faire de cette plante un genre particulier, comme le fait Allioni.

Espèces.

COCHLEARIA *coronopus.* Silicule reiniforme, verruqueuſe; tige couchée; feuilles pinnées.
——— *officinalis.* Silicule preſque ſphérique, liſſe; tige verticale, anguleuſe; feuilles ſupérieures anguleuſes, ſeſſiles, amplexicaules.
——— *danica.* Silicule preſque ſphérique, liſſe; tige foible; feuilles ſupérieures anguleuſes, pétiolées.
——— *ruſticana.* Silicules preſque ſphériques; feuilles ſupérieures lancéolées, pétiolées.

TABLEAU DES CRANSONS.

COCHLEARIA. *Cruciformes. Pétales blancs égaux; ſilicule entière, obtuſe & à bords arrondis; cloiſon oppoſée au grand diamètre du fruit.*	Silicule verruqueuſe		....	COCHLEARIA *coronopus.*
	Silicule liſſe.	Feuilles ſupérieures anguleuſes, arrondies.	Feuilles ſupérieures, ſeſſiles, amplexicaules.	——— *officinalis.*
			Feuilles ſupérieures pétiolées..........	——— *danica.*
		Feuilles ſupérieures lancéolées.	Feuilles non amplexicaules............	——— *ruſticana.*
			Feuilles amplexicaules................	MIAGRUM *ſaxatile.*

COCHLEARIA Coronopus. *L.*

COCHLEARIA
CORONOPUS.
CRANSON *CORNE-DE-CERF.*

ORDRES SYSTÉMATIQUES

DE TOURNEFORT.	VON LINNÉ.	DE JUSSIEU.
Cl. V. Sect. 2. G. 2. *Nasturtium.*	Cl. XV. Ordre 1. Siliculeuses.	Cl. XII. Ord. 3. les Cruciformes.

DESCRIPTION.

ENVELOPPE, aucune.

CALICE. *Périanthe* (U) de quatre feuilles égales, arquées, rapprochées par le sommet, entières, uniformes; chacune (4) est elliptique, obtuse, concave & bordée d'un feuillet blanc; toutes tombent avec la corolle; leur grandeur égale la moitié des pétales.

COROLLE. *Quatre pétales* (V) égaux, blancs, uniformes, évasés, disposés en croix, deux fois aussi grands que les feuilles du calice; chacun (2) est en œuf renversé, terminé par sa partie inférieure en un onglet aigu, étroit, de la longueur d'un tiers de la lame; tous tombent de bonne heure.

ETAMINES. *Six filets* inégaux, dont deux sont plus courts; tous sont subulés (3); les plus grands égalent en hauteur les deux tiers des pétales; les deux petits égalent le calice; *six anthères* (H) égales, sagittées, jaunes.

PISTIL. *Un germe* arrondi, elliptique, un peu ridé; *un style* cylindrique égalant la hauteur des étamines; *un stigmate* un peu en tête (E).

NECTAR. *Six glandes* subulées très-apparentes, savoir; quatre (5) occupent le côté des petites étamines, deux pour chacune; savoir, une à droite & l'autre à gauche; deux autres glandes se font remarquer (6) vis-à-vis des grandes étamines, une sur le dos de chaque paire; toutes ces glandes sont très-visibles même à l'œil simple.

PÉRICARPE. *Silicule* arrondie, presque biorbiculaire, hérissée d'aspérités en forme de crête, divisée en deux loges égales par la présence d'une cloison placée dans un sens opposé au grand diamètre de la silicule; cette silicule est formée de deux valves égales, concaves, semi-orbiculaires, & qui ne s'ouvrent point; chaque loge renferme une semence.

RÉCEPTACLE. *Cloison* lancéolée, formée d'un bord & d'une membrane; cette cloison est quatre fois moins large que le grand diamètre de la silicule, & est placée dans un sens opposé à ce même grand diamètre.

SEMENCES. *Deux graines*, une dans chaque loge; elles sont lisses, réniformes.

RACINE. *Une fibre* fusiforme, garnie de fibriles latérales cylindriques.

TRONC. *Tiges* traçantes, couchées, cylindriques, étalées, branchues; ramifiées & feuillées.

FEUILLES, composées, pinnées; folioles semi-pinnées; souvent ces folioles ne sont découpées que par le côté qui regarde l'extrémité de la feuille.

SUPPORTS.
- *Armes*; les fruits sont hérissés d'aspérités; autrement la plante n'est pas même velue.
- *Stipules*, *Bractées*, aucune.
- *Pétioles*, semi-cylindriques, aplatis à la face supérieure.
- *Pédoncules*; courts, cylindriques, cannelés & rudes; ces pédoncules se réunissent à un pédoncule général pour former une grappe.
- *Vrilles*, aucune.

Port. *D'une racine* sort une rosette de feuilles couchées par terre; au milieu de ces feuilles se fait remarquer une touffe de fleurs qui bientôt se convertissent en fruits; des côtés de cette touffe de fleurs sortent plusieurs tiges couchées par terre qui s'étalent à droite & à gauche ; ces tiges donnent d'espace en espace des feuilles ; de l'aisselle de ces feuilles sort alternativement une branche donnant d'autres feuilles & alternativement une touffe de fleurs; cette touffe de fleurs se convertit en une grappe de fruits ; les branches suivent le même ordre de division en de nouvelles branches & en grappes toujours alternativement; de sorte que la végétation de cette plante s'étend quelquefois jusqu'à dix-huit pouces loin de la racine.

Végétation. Sort de terre en mai, fleurit & fructifie jusqu'aux gelées; elle est annuelle.

Lieu. Le long des chemins, très-commune aux environs de Paris, le long des côtés de la rivière & aux champs Élysées.

Propriétés. *Odeur ;* froissée, elle a une odeur foible, herbacée, tirant très-peu à celle du Cresson.
Saveur; mâchée, elle est herbacée, salée, un peu cressonnée.

Analyse, inconnue. On pense qu'elle contient les mêmes principes que le Cresson.

Vertus. On pense qu'elle a des vertus analogues au Cresson.

Usage. On mange cette plante en salade; elle entre dans le remède de mademoiselle Stephens pour la pierre.

Etymologie. *Cochlearia. Voyez* la page 70, *Coronopus*, des mots χορώνη, *cornix*, corneille, & πους, *pes*, pieds, comme qui diroit pied de corneille, parce que l'on a cru trouver une ressemblance des feuilles de cette plante avec les pieds d'une corneille.

NOM GÉNÉRIQUE PHYTONOMATOTECHNIQUE.

VEHFUHFUABYLE.

SYNONYMIE.

Cochlearia (*coronopus*) *foliis pinnatifidis, caule depresso. Lin. Syst. Plant. 3. 227. id. Spe. 904. Mur. Syst. Veget. ed. 14. pag. 588. Dalib. Par. 195. Sauv. Met. fol. 254. Scop. carn. 2. n°. 860. œd. Flor. Dan. 202. Gouan. Flor. Monsp. 160. id. Hort. 318. Ger. Flor. Gal. Prov. 350.*

——— *repens. Lam. 2. 473.*

Coronopus *ruelli. Allion. Flor. Pedemont. n°. 934. Hal. Helv. 502.*

Ambrosia *campestris major. C. B. Pin. 138.*

——— *I. Mathiol. Valgr. ed. 1. 851. ed. 2. part. 2. 204. id. ed. à C. B. 619. Dalec. Lat. 1148.*

Pseudo Ambrosia *Cam. Epit. 596.*

Nasturtium *sylvestre, capsulis cristatis. Tourn. Inst. 214. Vail. Bot. Par. 144.*

Myagrum (*coronopus*) *foliis pinnatifidis, vasculis muricatis didymis. Crantz. Crucif. pag. 101.*

Cranson, corne de cerf. Lam. Ancyclop. Botan. tom. 2. 165.

——— rampant, Lamk. Fl. 2. 473.

Ambrosie. I. Dalec. Gal. 2. 48.

COCHLEARIA Rusticana. *B.*

COCHLEARIA
RUSTICANA.
CRANSON *RUSTIQUE.*

ORDRES SYSTÉMATIQUES

DE TOURNEFORT.	VON LINNÉ.	DE JUSSIEU.
Classe V. Section 2. Genre 4.	Cl. XV. Ordre 1. Siliculeuses.	Cl. XII. Ord. 3. les Cruciformes.

DESCRIPTION.

ENVELOPPE, aucune.

CALICE. *Périanthe* (F) inférieur de quatre feuilles égales disposées en grelot; chaque feuille (U) est concave, obtuse, lisse & ployée en portion d'arc, & de la grandeur de la moitié des pétales; elles tombent avec la corolle.

COROLLE. *Quatre pétales* (V) égaux, caduques, disposés en croix, évasés, blancs; chacun (2) est en œuf renversé, formé d'une lame & d'un onglet; la lame est ovoïde, un tiers plus grande que l'onglet; l'onglet est subulé, aplati.

ETAMINES. *Six filets* (H) inégaux : quatre égalent les deux tiers des pétales; ils sont de la longueur du pistil; deux autres sont plus courts, & égalent la hauteur des feuilles du calice; tous ces filets (3) sont blancs & subulés; *six anthères* jaunes & sagittées (4).

PISTIL. *Un germe* elliptique (5), lisse, légèrement comprimé; un style cylindrique, court, terminé par *un stigmate* en tête aplatie (E).

NECTAR. *Deux glandes* placées entre les petites étamines & le pistil, une de chaque côté.

PÉRICARPE. *Silicule* presque sphérique, lisse, divisée en deux loges par une cloison moins large que le grand diamètre; elle s'ouvre en deux valves concaves, arrondies sur le dos; dans chaque loge sont renfermées plusieurs graines.

RÉCEPTACLE. *Cloison* elliptique, moins large que le grand diamètre du fruit, & placée verticalement dans un sens opposé à ce même grand diamètre.

SEMENCES. *Plusieurs graines* sphériques, lisses, rougeâtres.

RACINE. *Une fibre* grosse, fusiforme, garnie de fibriles cylindriques qui s'enfoncent obliquement dans la terre.

TRONC *Tige* cylindrique, feuillée, fistuleuse, légèrement cannelée, verticale, simple jusqu'à sa partie supérieure, branchue. *Voyez* Port.

FEUILLES, de trois sortes : de radicales (6) grandes emples oblongues, lancéolées, pétiolées, crenelées de dents arrondies, glabres & veinées; d'inférieures caulinaires (7), petites, lancéolées, pinnatifides, pétiolées, glabres & garnies d'une veine mitoyenne; de supérieures (8) lancéolées, obtuses, dentées au bord à dents de scie, glabres & veinées.

SUPPORTS.
- *Armes*, *Stipules*, *Bractées*, aucune.
- *Pétioles*, aux feuilles radicales; ces pétioles sont longs, cylindriques par le côté inférieur, aplatis par la face supérieure, & terminés en gouttière à la base.
- *Pédoncules*, cylindriques, disposés en thyrse.
- *Vrilles*, aucune.

PORT. D'une racine sort à l'équinoxe des petites feuilles pinnées ; ces feuilles s'élèvent & indiquent le commencement d'une tige ; un ou deux mois après, sort de la même racine des feuilles grandes, verticales ; à côté de ces feuilles, on voit s'élever la tige accompagnée des feuilles pinnées dont nous avons parlé. La tige continuant à monter, laisse apercevoir d'autres feuilles d'une forme différente ; enfin viennent les fleurs qui terminent la tige ; de l'aisselle des feuilles supérieures sortent des branches ; ces branches poussent des pédoncules, chacun desquels produit une fleur blanche ; la racine est vivace.

VÉGÉTATION. Les premières feuilles se montrent en mars & avril ; les grandes feuilles poussent en avril-mai ; les fleurs sont visibles en juin-juillet ; les fruits sont mûrs en août-septembre.

LIEU. Les bords des ruisseaux, dans les lieux humides.

PROPRIÉTÉS.
- *Odeur* ; la plante froissée a une odeur piquante tirant à celle des Radis ; mais sur-tout la racine.
- *Saveur* ; la plante, & sur-tout la racine, est âcre au goût à-peu-près comme le Cochlearia ou comme la moutarde.

ANALYSE.
- *Pyrotechnique.* La racine de Raifort sauvage fraîche donne par la distillation, d'abord une eau de végétation transparente, d'une odeur très-piquante, très-âcre, absolument semblable à l'odeur de la racine, ensuite une eau semblable en couleur à la précédente, mais pourtant d'une odeur plus foible & mêlée d'un peu d'empyreume ; plus une liqueur jaunâtre d'une odeur piquante empyreumatique, d'une saveur âcre un peu aigre, faisant effervescence avec les alkalis ; plus une liqueur rougeâtre fort empyreumatique *nauséabonde* ; plus une pellicule huileuse ; enfin une liqueur alkaline.
- *Hygrotechnique.* Une once de racine de cette plante donne cinq gros de phlegme ; si on en sépare la partie mucilagineuse, on la trouvera fade & presque insipide ; elle pèse un gros ; la résine est de même insipide ; on y en trouve deux ou trois grains ; sa propriété réside en entier dans un principe volatil âcre que la seule dessication de la racine dissipe.

VERTUS. Le Raifort sauvage est antiscorbutique, apéritif, propre à la goutte, au rhumatisme, aux vers & à la toux.

USAGE. On se sert de l'eau distillée intérieurement ; on mange la racine en guise de moutarde ; on applique extérieurement la plante pilée, sur les douleurs.

DOSE. L'eau distillée, dans les potions, depuis demi-once jusqu'à deux onces.

ETYMOLOGIE. *Cochlearia.* (voyez la page 70). *Rusticana*, ruste, des paysans, des noms *Raphanus rusticanus*, Raifort ruste, parce que les paysans le mangent comme on mange le Raifort ordinaire.

NOM GÉNÉRIQUE PHYTONOMATOTECHNIQUE.

VEHFUCFUANIVE.

SYNONYMIE.

COCHLEARIA (*rusticana*) *foliis radicalibus ovato oblongis, crenatis erectis maximis ; caulinis pinnatifidis ; superioribus lanceolatis, integris, serratis.*

———— (*armoracia*) *foliis radicalibus lanceolatis, crenatis ; caulinis incisis. Lin. Syst. 3. 228. id. Spec. Pl. 904. Mur. ed. 14, 588. Crantz. Crucif. 38. Allion. Flor. Ped. n°. 932. Gouan. Flor. Monsp. 160.*

———— *folio cubitali. Tourn. Inst. 215.*

RAPHANUS *rusticanus. C. B. Pin. 96.*

RAIFORT sauvage, Cranson rustique. *Lam. Flor. 2. 471. id Encycl. Bot. 2. 166.*

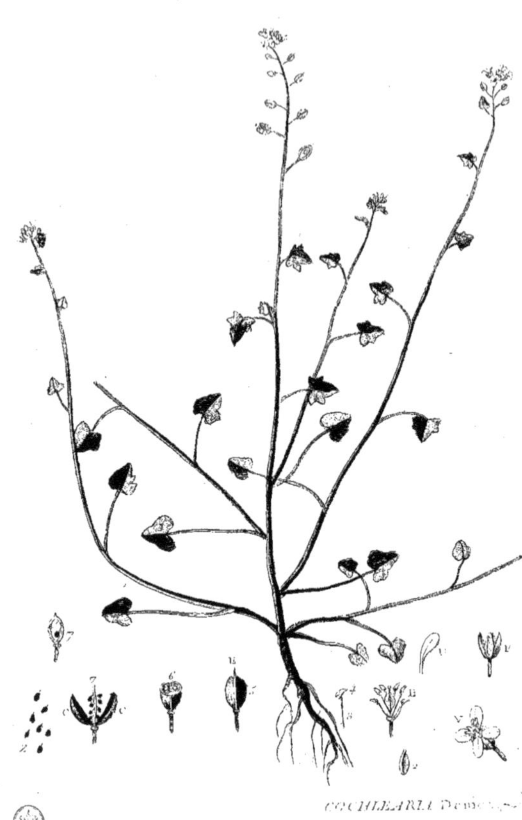

COCHLEARIA

COCHLEARIA
DANICA.
CRANSON *DE DANEMARCK.*

ORDRES SYSTÉMATIQUES

DE TOURNEFORT.	VON LINNÉ.	DE JUSSIEU.
Claſſe V. Section 2. Genre 4.	Cl. XV. Ord. 1. les Siliculeuſes.	Cl. XII. Ord. 3. les Cruciformes.

DESCRIPTION.

ENVELOPPE, aucune.

CALICE. *Périanthe* (F) de quatre feuilles inférieures concaves (2), preſque entières, diſpoſées en cloche, moitié moins grandes que les pétales, & qui tombent avec elles. Chacune eſt liſſe, ovoïde, bordée d'un petit feuillet blanc.

COROLLE. *Quatre pétales* (V) égaux, blancs, évaſés, entiers, deux fois auſſi grands que les feuilles du calice; chaque pétale (U) eſt en œuf renverſé, oblong & formé d'une lame qui comprend la moitié de ſa grandeur, & d'un onglet qui comprend l'autre moitié. Cet onglet eſt formé par le rétréciſſement inſenſible de la lame. Ces pétales tombent de bonne heure.

ETAMINES. *Six filets* (H) inégaux: deux ſont plus courts; tous ſont ſubulés (3) & droits: *Six anthères* (4) ſagittées.

PISTIL. *Un germe* ovoïde un peu aplati, *un ſtyle* cylindrique court, *un ſtigmate* (E) entier non diſtinct du ſtyle.

NECTAR. *Quatre petites glandes* ſituées ſur le ſupport des étamines, deux vis-à-vis des grandes & du calice, deux entre les petites & le piſtil. Ces glandes ſont à peine viſibles.

PÉRICARPE. *Silicule* (5) preſque ſphérique, liſſe diviſée en deux loges (6) par une cloiſon (7) verticale, & placée dans un ſens oppoſé au grand diamètre du fruit; cette ſilicule renferme pluſieurs graines, & s'ouvre en deux valves (C. C) égales, uniformes, preſque ſemi-ſphériques.

RÉCEPTACLE. *Cloiſon* (7) elliptique, moins large que le grand diamètre du péricarpe, formée d'un cercle & d'une membrane; cette cloiſon eſt placée verticalement dans la ſilicule, & coupe le grand diamètre en deux; le cercle donne attache à pluſieurs graines.

SEMENCES. *Pluſieurs graines* (Z) ovoïdes ou arrondies, liſſes.

RACINE. *Une fibre* principale garnie de pluſieurs fibres latérales qui ſe ramifient; toutes ſont cylindriques.

TRONC. *Tige* cylindrique, légèrement cannelée, foible, couchée, branchue & feuillée; les branches ſont auſſi foibles, garnies de feuilles très-écartées; rarement les branches pouſſent des rameaux; ſouvent la tige eſt ſimple, ſans branches.

FEUILLES. De deux formes: d'inférieures cordées, obtuſes; de ſupérieures en fer de pique, anguleuſes, ou plutôt cordées, à cinq angles aigus; l'angle terminal eſt le plus grand; toutes ces feuilles ſont graſſes, glabres & pétiolées.

SUPPORTS.
- *Armes*, aucune, pas même de poils; toutes les parties de la plante sont glabres.
- *Stipules*, *Bractées*, aucune.
- *Pétioles*, très-longs, aux feuilles inférieures, plus courts aux feuilles supérieures, mais néanmoins très-apparens à toutes les feuilles; ces pétioles sont triangulaires, garnis à leur base d'une gouttière.
- *Pédoncules*, solitaires, égaux en longueur aux fruits; chacun est un peu anguleux, lisse.
- *Vrilles*, aucune.

PORT. D'une racine sort une tige foible accompagnée de quelques feuilles; cette tige donne presque en sortant de terre des branches que l'on pourroit regarder comme d'autres tiges qui sortent de la même racine; les branches sont ordinairement simples; la tige continue à donner des branches de l'aisselle de ses feuilles; toutes ces branches ont peine à se soutenir; elles se traînent; les feuilles sont alternes, écartées; les fleurs sont petites, blanches, terminent les tiges par petits corymbes; les fruits sont disposés en petites grappes.

LIEU. Les provinces méridionales de la France, à Marseille, dans les terrains sablonneux & aux Pyrénées.

VÉGÉTATION. Sort de terre en mai, fleurit en juin, les semences sont mûres en août; la plante périt pour ne plus reparoître; elle est annuelle.

PROPRIÉTÉS.
- *Odeur*; la plante froissée a une odeur semblable à l'odeur du *Cochlearia* officinal.
- *Saveur*; la saveur est en tout semblable à la saveur du *Cochlearia*, mais un peu plus foible.

ANALYSE. Cette plante fourniroit très-certainement les mêmes principes que le *Cochlearia* ordinaire.

VERTUS, USAGE, DOSE, on pourroit employer cette plante dans les mêmes circonstances & à la même dose que le Cochlearia ordinaire.

ETYMOLOGIE. *Cochlearia* (voyez la page 70). *Danica*, de Danemarck, parce que l'on observa la première fois cette plante en Danemarck.

NOM GÉNÉRIQUE PHYTONOMATOTECHNIQUE.

VEHFUAFUANIVE.

SYNONYMIE.

COCHLEARIA (*Danica*) *foliis hastato angulatis; omnibus deltoïdibus. Lin. Syst. Plant.* 3. 227. *id. Spe. Plant.* 903. *Mur. Syst. Veget. ed.* 14, *pag.* 588.

———— *Danica repens. C. B. Pin.* 110. *prod.* 53.

———— *Danica procumbens. Tourn. Inst.* 215.

CRANSON de Danemarck.

CRANSON Danois. *Lam. Encyclop. Bot.* 2. 164.

COCHLEARIA Officinalis. *L.*

COCHLEARIA
OFFICINALIS.
CRANSON OFFICINAL.

ORDRES SYSTÉMATIQUES

DE TOURNEFORT.	VON LINNÉ.	DE JUSSIEU.
Claffe V. Section 2. Genre 4.	Claffe XV. Ord. 1. Siliculeufes.	Cl. XII. Ord. 3. les Cruciformes.

DESCRIPTION.

ENVELOPPE, aucune.

CALICE. *Périanthe* (2) inférieur de quatre feuilles caduques, un peu inégales, obtufes, ouvertes en croix, prefque horizontales; deux de ces feuilles font plus larges; toutes font elliptiques, prefque orbiculaires, concaves & bordées d'un petit feuillet blanc; l'extrémité eft terminée par une efpèce de capuchon formé par la réunion des deux bords entre eux.

COROLLE. *Quatre pétales* (V) blancs, écartés, ouverts, égaux entre eux, deux fois plus longs que les feuilles du calice; chaque pétale (U) eft formé d'un limbe ovoïde, obtus, liffe, uni, & d'un onglet très-diftinct, aplati, de la moitié de la longueur du limbe; ces pétales tombent de bonne heure.

ETAMINES. *Six filets* (H) écartés, inégaux, de la longueur des feuilles du calice; quatre font difpofés deux à deux entre les larges feuilles du calice & le germe; les deux autres, qui font un peu plus courts, font placés un à un vis-à-vis des angles du germe; chaque filet eft cylindrique, blanc. *Six anthères* arrondies, jaunes (Y).

PISTIL. *Germe* ovoïde, un peu aplati; *un ftyle* cylindrique perfiftant; *un ftigmate* (E) en tête.

NECTAR. *Quatre glandes* très-petites, à peine vifibles, placées deux à la bafe des grandes étamines, & deux au-devant des petites étamines.

PÉRICARPE. *Silicule* (5) prefque fphérique, marquée de quatre angles obfcurs, liffe, très-entiere, furmontée du ftyle qui eft très-court, mais perfiftant; cette filicule eft divifée en deux loges (6) par une cloifon (3) placée dans un fens oppofé au grand diamètre; elle s'ouvre en deux valves femi-fphériques ou femi-oviformes, liffes, fans angles ni afpérités (C.C), & laiffe tomber plufieurs graines (4).

RÉCEPTACLE. *Cloifon* (3) prefque orbiculaire ou en œuf renverfé, formée par un cercle qui donne attache aux graines (par fa partie fupérieure) & par une membrane blanche qui forme un diaphragme.

SEMENCES. *Plufieurs graines* (4) ordinairement trois à cinq à chaque loge; chacune de ces graines eft elliptique ou oviforme, liffe.

RACINE *Une fibre* fufiforme, cylindrique, courte, rarement perpendiculaire, très-fouvent flexueufe, raboteufe, garnie de fibriles capillacées, ramifiées.

TRONC. *Tige* verticale, flexueufe, anguleufe, glabre, branchue, quelquefois ramifiée, feuillée; les angles de la tige font longitudinaux au nombre de fix à huit; ceux des branches font moins nombreux; tellement que fi la tige a huit angles, les branches en ont fix; ces angles ne font pas égaux; on en obferve de plus faillans & de plus petits; ordinairement les branches ont une forme triangulaire; mais fi on obferve bien, on y aperçoit deux à trois petits angles placés entre les grands. *Voyez* Port.

FEUILLES. Toutes ſimples, glabres, veinées, de deux formes : les radicales & les inférieures ſont pétiolées, entières, réniformes, cordées, concaves (7) ; les caulinaires varient : on en voit de réniformes, mais à meſure qu'elles ſont plus élevées, la forme change : elles deviennent ovoïdes, anguleuſes, ſeſſiles, amplexicaules, auriculées.

SUPPORTS.
- *Armes*, *Stipules*, *Bractées*, aucune.
- *Pétioles*, aux feuilles inférieures ; ceux des feuilles radicales ſont très-longs, triangulaires, garnies d'une gouttière ; ceux des feuilles un peu plus élevées ſont moins longs, plus larges & ſemi-cylindriques, garnis auſſi de gouttières ; les plus élevés ſont amplexicaules ; enfin les feuilles tout-à-fait ſupérieures en ſont privées conſtamment.
- *Pédoncules*, roides, terminant la tige ; chacun eſt triangulaire.
- *Vrilles*, aucune.

PORT. D'une racine ſort une tige, rarement pluſieurs ; cette tige fait plus ou moins d'inflexions en s'élevant ; de la baſe de la tige ſortent pluſieurs feuilles diſpoſées en touffe ; une partie de ces feuilles périt pendant que la tige monte ; cette tige pouſſe des branches aſcendantes, axillaires alternes ; les feuilles ſont alternes ; les ſupérieures ſont ſeſſiles, amplexicaules, auriculées ; quelquefois même les feuilles caulinaires ſont privées de pétioles ; les oreillettes ſont libres, & n'adhèrent point à la tige ; les fleurs ſont terminales, diſpoſées en petites têtes corymbiformes ; les fruits ſont diſpoſés en thyrſe.

VÉGÉTATION. Cette plante ſort de terre en mars-avril, fleurit en mai ; les ſemences ſont mûres en juin ; la plante périt pour ne plus reparoître ; les graines donnent de nouvelles plantes qui fleuriſſent en juillet-août ; cette reproduction dure juſqu'aux gelées.

LIEU. Cultivée dans nos jardins ; on la trouve dans les pays voiſins de la mer, où elle croît naturellement.

PROPRIÉTÉS.
- *Odeur* ; la plante froiſſée a une odeur forte de Creſſon.
- *Saveur* ; la plante mâchée eſt très-piquante au goût, tirant ſur le goût de Creſſon, mais plus fort.

ANALYSE. *Pyrotechnique*, cinq livres de la plante fleurie ont donné près de trois livres d'eau chargée d'huile eſſentielle qui la blanchit ; elle eſt très-odorante ; plus, une livre & demie d'une autre eau claire d'abord peu rouſſe, enfin trouble, empyreumatique ; plus ſix gros d'huile empyreumatique ; enfin trois onces de charbon, qui ont donné ſix gros d'alkali. L'huile eſſentielle eſt très-odorante, & plus peſante que l'eau ; cependant elle eſt ſi volatile, que la moindre chaleur la fait évader, & que pour la conſerver, il faut enterrer le flacon ou le tenir dans l'eau froide.

VERTUS. Toute la plante eſt inciſive & anti-ſcorbutique.

USAGE. On s'en ſert intérieurement & extérieurement en infuſion, & le ſuc pour le ſcorbut, la cachexie, & toutes les maladies où il faut réveiller l'oſcillation des vaiſſeaux.

DOSE. Par poignée en infuſion ; le ſuc épuré juſqu'à trois onces par jour.

ÉTYMOLOGIE. *Cochlearia*, de *cochlear*, parce que les feuilles inférieures ſont creuſées en cuiller.

NOM GÉNÉRIQUE PHYTONOMATOTECHNIQUE.

VEHFUFUANIRE.

SYNONYMIE.

COCHLEARIA (*officinalis*) *foliis radicalibus cordato-ſubrotundis, caulinis oblongis ſubſinuatis. Lin. Syſt. Plant. 3. 226. id. Spe. 903. id. Met. Med. 160. Mur. Syſt. Veget. ed. 14. 588. Crantz. Auſt. 19. id. Crucif. 97. Flor. Dan. 135. Gouan. Hort. 317. J. B. 2. 942. Dod. Pent. 594.*

——— *Folio ſubrotundo. C. B. Pin. 110. Tourn. Inſt. 215.*

CRANSON officinal. *Lam. Flor. Fran. 2. 472. id. Encyclop. 2. 164.*

GENRE V.

LEPIDIUM.

LES Paſſe-rage ont un calice de quatre feuilles; quatre pétales égaux jaunes, ſix étamines, dont deux plus courtes ; un piſtil (*caractères claſſiques*) ; le piſtil ſe change en une ſilicule (*caractères de l'ordre* ; cette ſilicule eſt coupée verticalement dans ſa largeur en deux loges par une cloiſon moins large que le fruit, & oppoſée au grand diamètre de la ſilicule (*caractères du ſous-ordre*) ; enfin le péricarpe eſt comprimé ; ſes bords ſont tranchans ; l'extrémité ſupérieure eſt entière, pointue (*caractères eſſentiels*).

Caractères d'approximation.

Le genre des Paſſe-rage a des rapports, comme nous l'avons déja dit page 1, avec une eſpèce d'Ibéride (*Iberis rotundifolia*). Le fruit de cette plante affecte la même forme que le fruit des Paſſe-rage, mais ſes pétales ſont inégaux (1).

Les Paſſe-rage ont de ſi grands rapports avec le genre des Tabourets, que nous avons été forcés d'en tranſpoſer pluſieurs eſpèces, & de les rapporter au *Thlaſpi*. Nous avons donné la raiſon de cette réforme page 25. Les Paſſe-rage dont il ſera fait mention au genre du *Lepidium*, ont toutes leurs fruits entiers par le ſommet, ce qui établit un caractère très-diſtinctif entre les Tabourets & ce genre. Les Tabourets ont leurs ſilicules échancrées par le ſommet, pendant que celles des Paſſe-rage ſont entières.

Les caractères du genre du *Lepidium* néceſſitent que l'on y rapporte une eſpèce de *Cochlearia* de Von Linné, *Cochlearia draba*. Cette plante a, comme les Paſſe-rage, le fruit en petit cœur, pointu par l'extrémité; tous les Cranſons, au contraire, ont leur fruit obtus, arrondi, & jamais en forme de petit cœur. Cette plante avoit déja occupé la place que nous lui reſtituons. Von Linné lui-même l'avoit rangée parmi les Paſſe-rage. Nous ne comprenons pas les raiſons qui le déterminèrent dans la ſuite à l'en ſéparer.

Le fruit d'une Lunetière, *Biſcutella auriculata*, reſſemble par ſa forme aux fruits des paſſe-rage ; pourtant on s'apercevra bientôt que la ſilicule de cette Lunetière eſt biorbiculaire par la baſe, ce que n'a aucune des Paſſe-rage que nous décrivons. De plus, les Lunetières ont les pétales jaunes, au lieu que les pétales des Paſſe-rage ſont blancs.

La forme extérieure des fruits des Paſſe-rage & des fruits des Draves ſe reſſemble parfaitement, mais cette reſſemblance diſparoît auſſitôt que l'on voit une ſilicule s'ouvrir. C'eſt ici la même différence que nous avons fait obſerver entre les Tabourets & les *Alyſſons*, entre les Cranſons & les Camelines. La cloiſon des Draves eſt auſſi large que le grand diamètre du fruit; celle des Paſſe-rage eſt beaucoup plus étroite. La cloiſon des Draves coupe l'épaiſſeur du fruit en deux, & non la largeur. La cloiſon des Paſſe-rage coupe la largeur, & non l'épaiſſeur. Les valves de la ſilicule ſont de toute la grandeur & de la même forme du fruit. Les valves des paſſe-rage ne préſentent que la moitié de la forme du fruit. D'après toutes les reſſemblances & les différences que nous venons de faire obſerver, le genre des Paſſe-rage peut ſe réduire aux caractères ſuivans :

LEPIDIUM. *Cruciformes, pétales égaux, blancs, ſilicule comprimée, pointue, entière; cloiſon moins large que le grand diamètre.*

---

(1) La différence tirée de l'inégalité des pétales eſt peu conſidérable : ſouvent les pétales de cette plante ſont égaux. D'après cette remarque, il ſeroit peut-être plus naturel de rapporter cette plante aux Paſſe-rage, que de la laiſſer parmi les Ibérides, & alors tous les *Iberis* auroient la ſilidule échancrée par le ſommet, les pétales inégaux ; les Tabourets auroient la ſilicule échancrée par le ſommet, les pétales égaux ; let Lunetières auroient les ſilicules échancrées par le bas & par le haut, les pétales égaux ; les Cranſons auroient les ſilicules entières, obtuſes ; les Paſſe-rage auroient leurs ſilicules entières & pointues, & tous ces genres ont la cloiſon plus étroite que la ſilicule.

Espèces.

1. LEPIDIUM *draba.* Feuilles ſimples, lancéolées, amplexicaules.
2. ——— *latifolium.* Feuilles ſimples, lancéolées, non amplexicaules.
3. ——— *iberis.* Feuilles ſimples, linéaires, non amplexicaules; tige très-ramifiée.
4. ——— *cardamines.* Feuilles inférieures pinnées; ſupérieures, ternées, incanes.
5. ——— *procumbens.* Feuilles ternées ou pinnatifides, non incanes; les ſupérieures ſimples; lobe terminal lancéolé, obtus.
6. ——— *petrœum.* Feuilles pinnées de plus de ſix folioles; tige feuillée; pétales de la grandeur du calice.
7. ——— *alpinum.* Feuilles pinnées de plus de ſix folioles; tige nue; pétales plus de deux fois plus grands que les feuilles du calice.

TABLEAU DES PASSE-RAGE.

LEPIDIUM. *Cruciformes. ſilicule entière, pointue, cloiſon oppoſée au grand diamètre.*

- Feuilles ſimples.
  - Feuilles lancéolées, tige peu ramifiée.
    - Feuilles amplexicaules.......... LEPIDIUM *draba.*
    - Feuilles non amplexicaules....... ——— *latifolium.*
  - Feuilles linéaires, tige très-ramifiée.......................... ——— *iberis.*
- Feuilles compoſées.
  - Feuilles glabres.
    - Tige feuillée, pétales très-petits.
      - Feuilles ſupérieures ſimples ou ternées. ——— *procumbens.*
      - Feuilles ſupérieures pinnées. ——— *petræum.*
    - Tige nue, pétales très-apparens................ ——— *alpinum.*
  - Feuilles incanes.. ——— *cardamines.*

LEPIDIUM Draba. B. COCHLEARIA Draba. L.

LEPIDIUM
DRABA.
PASSE-RAGE *DRAVIÈRE.*

ORDRES SYSTÉMATIQUES

DE TOURNEFORT.	VON LINNÉ.	DE JUSSIEU.
Classe V. Section 2. Genre 5.	Cl. XV. Ord. 1. les Siliculeuses.	Cl. XII. Ord. 3. les Cruciformes.

DESCRIPTION.

ENVELOPPE, aucune.

CALICE. *Périanthe* (F) de quatre feuilles disposées en grelot, égales, uniformes, entières; chacune est ovoïde, pointue (U) concave, & ployée en portion de cercle; toutes s'insèrent sous le germe, & tombent en même temps que les pétales.

COROLLE. *Quatre pétales* (V) disposées en croix, égaux, uniformes, évasés, blancs, un tiers plus grands que les feuilles du calice, insérés sous le germe, & qui tombent de bonne heure. Chaque pétale (W) est formé d'une lame en œuf renversé, arrondi, légèrement échancré en cœur, & d'un onglet aussi ou même plus long que la lame : cet onglet (2) est linéaire, aplati.

ETAMINES. *Six filets* (H) inégaux : quatre sont de la longueur du pistil, surpassent un peu la longueur du calice : ils sont droits, subulés; les deux autres sont plus courts que les feuilles du calice; ceux-ci sont courbés en portion d'arc; tous sont blancs, & s'insèrent sous le germe. *Six anthères* droites, cordées, jaunes (3).

PISTIL. *Un germe* (4) ovoïde, comprimé, lisse; *un style* cylindrique, persistant; *un stigmate* en tête circulaire horizontalement aplatie, entier (E).

NECTAR. Aucune glande.

PÉRICARPE. *Silicule* (5) comprimée, cordée; la base est légèrement échancrée; le haut est en pointe, & surmonté du style; les côtés sont arrondis; les deux faces sont aplaties, un peu creuses au milieu. Cette silicule s'ouvre en deux valves (C. C.), concaves, ovoïdes, lisses, & renferme deux graines, une dans chaque valve; les deux valves sont réunies ensemble dans le fruit entier, au moyen d'une cloison placée verticalement dans une direction opposée au grand diamètre du fruit; cette cloison divise la silicule en deux loges (6) égales & uniformes.

RÉCEPTACLE. *Cloison* (7) verticale, opposée au grand diamètre de la silicule, lancéolée, lisse, & qui divise le fruit en deux loges.

SEMENCES. *Deux graines* R, une dans chaque loge; chaque graine est oviforme, lisse.

RACINE. *Une fibre* oblique, fusiforme, cylindrique, garnie de fibriles latérales.

TRONC. *Tige* cylindrique, glabre, légèrement striée, blanchâtre, d'abord couchée, puis redressée, verticale : dans cette disposition, la tige forme toujours à sa partie inférieure une portion d'arc plus ou moins considérable: la partie moyenne est feuillée; la supérieure est garnie de branches anguleuses, florifères. *Voyez* port.

FEUILLES. Les radicales sont entières, oblongues, lancéolées; les caulinaires sont sessiles, oblongues, fortement échancrées à la base, & emplexicaules; les bords en sont dentés par des dents écartées, & qui n'affectent aucune direction; les surfaces sont blanchâtres, veinées en nervures; la base est garnie de deux oreillettes; l'extrémité est obtuse.

SUPPORTS.
- *Armes*, *Stipules*, *Bractées*, aucune.
- *Pétioles*, seulement aux feuilles radicales ; ils sont aplatis & courts.
- *Pédoncules*, solitaires, cylindriques, uniflores.
- *Vrilles*, aucune.

PORT. D'une racine sortent d'abord des feuilles couchées sur terre ; plus, des tiges qui semblent vouloir s'élever verticalement, mais qui, à peine élevés, forment une courbure vers terre pour ensuite se relever, ce qui fait décrire à cette plante deux portions d'arc, & lui donne la forme d'une S couchée : la partie moyenne est garnie de feuilles alternes ; la partie supérieure est terminée par des branches qui partent des aisselles des feuilles supérieures ; ces branches sont obliques & produisent les fleurs ; l'ensemble de toutes les fleurs forme une panicule étalée ; mais si l'on considère chaque branche en particulier, les fleurs y sont disposées en grappes, les fruits y conservent la même disposition.

VÉGÉTATION. Sort de terre en avril, fleurit en mai ; les semences sont mûres en juillet ; les tiges périssent l'automne ; les racines sont vivaces.

LIEU. Les provinces méridionales de la France, au bord des champs.

PROPRIÉTÉS.
- *Odeur.* La plante froissée a une odeur herbacée.
- *Saveur.* Les feuilles mâchées sont âcres au goût, amères, tirant sur le goût du Cresson.

ANALYSE, VERTUS, USAGE, DOSE, inconnues.

ETYMOLOGIE. *Lepidium.* Voyez la page 76. *Draba* du mot grec δραβη, *acris*, âcre, à cause de l'âcreté de cette plante.

NOM GÉNÉRIQUE PHYTONOMATOTECHNIQUE.

VEHFWAFUAMILE.

SYNONYMIE.

LEPIDIUM (*draba*) *foliis lanceolatis, amplexicaulibus, dentatis, L. Spec. Pl. ed. 1753, pag. 645. Crantz Flor. Austria, pag. 10, n°. 3. Gerard. Flor. Gal. Prov. 345, n°. 1. Sauv. met. fol. 78 & 120.*

——— *humile incanum arvense. Tourn. Inst. 216. Garid. 279.*

COCHLEARIA (*draba*) *foliis lanceolatis, amplexicaulis, dentatis. Lin. Syst. Pl. 3. 228. id. Spec. 904. Mur. Syst. Veget. ed. 14, pag. 588. Jacq. Flor. Aust. 4. tab. 315. Gouan. Flor. Monsp. 160. id. Hort. 318. Allion. Flor. Ped. n°. 933.*

NASTURTIUM (*draba*) *foliis lanceolatis, amplexicaulibus, dentatis. Crantz. Crucif. 81, n°. 7.*

DRABA *umbellata seu major capitulis donata. C. B. pag. 109. Mor. Hist. 2, pag. 313. sect. 3. tab. 21, fig. 1.*

——— *multis, flore albo. J. B. 2. 939.*

CRANSON dravier. *Lamk. Fl. Fr. 2. 472. id. Encyclop. Botan. 2. pag. 165., n°. 8.*

PASSE-RAGE dravière.

Fig. 2. *LEPIDIUM* Latifolium. *L.*

LEPIDIUM
LATIFOLIUM
PASSE-RAGE *A LARGES FEUILLES.*

ORDRES SYSTÉMATIQUES

DE TOURNEFORT.	VON LINNÉ.	DE JUSSIEU.
Cl.V.S.2.G.5.	Cl.XV. Ord. 1. Siliculeuſes.	Cl. XII. Ord. 3. Cruciformes.

DESCRIPTION.

ENVELOPPE, aucune.

CALICE. *périanthe* (U) inférieur, campaniforme, évaſé, compoſé de quatre feuilles évaſées, ovoïdes, pointues, quelquefois, au contraire, elliptiques, obtuſes, mais toujours moitié moins grandes que les pétales, & qui tombent avec la corolle.

COROLLE. *Quatre pétales* (V) égaux, évaſés, uniformes, diſpoſés en croix; chacun eſt formé d'un limbe arrondi ou en œuf renverſé, très-entier; plus, d'un onglet moins long que le limbe, & rétréci en petites languettes: ces quatre pétales s'insèrent ſous le germe, & tombent de bonne heure.

ÉTAMINES. *Six filets* (H) droits, inégaux plus élevés que la gorge de la corolle, excédant la hauteur des feuilles du calice; quatre ſont plus grands, & égalent le piſtil; ils ſont inſérés deux à deux ſous le germe, vis-à-vis des faces aplaties. Les deux autres ſont un peu plus courts, & ſont inſérés aux deux côtés étroits du germe. *Six anthères* (3) oblongues jaunes.

PISTIL. *Un germe* ovoïde, liſſe, entier, de la hauteur des petites étamines; *un ſtyle* cylindrique auſſi élevé que les grandes étamines; *un ſtigmate* en tête (F).

NECTAR. Aucune glande viſible à l'œil ſimple.

PÉRICARPE. *Silicule* (4) elliptique, un peu ovoïde, légèrement comprimée, aiguë, liſſe, entière, diviſée en deux loges par une cloiſon verticale moins large que le grand diamètre du fruit, & placée dans un ſens contraire à ce grand diamètre; chaque loge renferme une ſeule graine; cette ſilicule s'ouvre en deux valves concaves en petite carène, aiguës, & à dos tranchans.

RÉCEPTACLE. *Cloiſon* lancéolée, membraneuſe, moins large que le grand diamètre du fruit; elle coupe verticalement ce grand diamètre en deux, & donne attache à deux graines, une de chaque côté.

SEMENCES. *Deux graines* très-petites, rouſſes, ovoïdes, un peu comprimées, placées une à une dans chaque loge du péricarpe.

RACINE. *Une fibre* de la groſſeur du doigt, fuſiforme, blanchâtre, garnie de fibrilles.

TRONC. *Tige* verticale, glabre, liſſe, médullée, cylindrique, feuillée & branchue; les branches ſont axillaires, redreſſées & floriféres.

FEUILLES. Très-liſſes, très-glabres, lancéolées ou ovoïdes-lancéolées; elles varient dans ces deux formes: les inférieures (2) dentées à petites dents de ſcie, & très-pétiolées; les ſupérieures (6) entières, preſque ſeſſiles; toutes ſont pointues & veinées.

SUPPORTS.
- *Armes*, *Stipules*, *Bractées*, aucune.
- *Pétioles*, très-marqués aux feuilles inférieures, moins diſtincts des feuilles, aux feuilles ſupérieures; ceux des feuilles inférieures ſont ſemi-cylindriques, marqués d'une gouttière.
- *Péduncules*, cylindriques, très-rapprochés, diſpoſés par petites grappes, & les petites grappes par de plus grandes.
- *Vrilles*, aucune.

[illegible] une tige, quelquefois plusieurs; ces tiges s'élèvent verticalement de deux à trois pieds de haut, & poussent des feuilles alternes; de l'aisselle des feuilles sortent des branches garnies de feuilles plus étroites que celles de la tige; ces branches produisent un grand nombre de petits rameaux très-courts; ces rameaux sont autant de petites grappes de fleurs.

VÉGÉTATION. Sort de terre en mai, fleurit en juin-juillet, ses graines sont mûres en septembre, les tiges périssent en octobre, la racine persiste, & vit plusieurs années.

LIEU. Les terrains fertiles & ombragés, très-commune à l'île de Sève & à l'île de Marne près de Paris.

PROPRIÉTÉS. { *Odeur;* la plante froissée est inodore.
Saveur; toutes les parties de cette plante sont âcres au goût.

ANALYSE. { *Pyrotechnique*, cinq livres de Passe-rage entières ont fourni une livre & demie d'eau de végétation, limpide, d'une saveur légèrement âcre, obscurément salée; plus deux livres six onces d'une liqueur obscurément acide. La masse, privée de cette eau de végétation, mise dans une cornue, a donné trois onces & demie de liqueur rousse un peu empyreumatique, d'abord un peu acide, ensuite très-austère & salée; plus, une once six gros d'une liqueur rousse alkaline; chargée de sel volatil concret. Le *caput mortuum* a fourni par lixiviation une once de sel alkali.
Hygrotechnique, inconnue.

VERTUS. La Passe-rage est incisive, antiscorbutique, stomachique, anti-hypochondriaque.

USAGE. On s'en sert pour le scorbut, les obstructions des viscères du bas-ventre, pour inciser & fondre les humeurs visqueuses qui tapissent l'estomac, pour faire cracher, fortifier & dégorger les gencives; dans le Danemarck on l'emploie aux cuisines pour assaisonner les alimens: extérieurement on l'applique en cataplasme pour les rhumatismes, la gale & les dartres.

DOSE. En infusion par poignées.

ETYMOLOGIE. *Lepidium*, du mot grec λεπίς, *squamma.* Ce nom a, dit-on, été donné à cette plante, parce qu'elle est propre à unir la peau, & à faire disparoître les inégalités qui sont à sa surface.

NOM GÉNÉRIQUE PHYTONOMATOTECHNIQUE.

VEHFUAFUANILE.

SYNONYMIE.

LEPIDIUM (*latifolium*) *foliis ovato-lanceolatis, integris, serratis. Lin. Syst. Plant. 3. 219. id. Spe. 899. Mur. Syst. Veget. ed. 14. 586. Dalib. par. 194. Hal. Helv. 505. Mill. Dict. n°. 1. Crantz. Flor. austri. p. 11. Flor. Dan. tab. 557. Allion. Flor. Ped. n°. 929. Gouan. Fl. Monsp. 158. Gerard. Flor. Gal. prov. 346.*

——— *latifolium. C. B. pin. 97. T. Inst. 216. id. Herbar. 343. Vail. Bot. par. 114. Garidel. 279.*

——— *Plini Dod. Pent. 716. Mathiol. Val. 609. id. ed. 2. part. 1. 557. Cam. epit 378, 379. id. Hort. 315.*

——— *Pauli. J. B. Hist. 2. 940.*

NASTURTIUM (*latifolium*) *foliis ovato-lanceolatis, integris serratis. Crantz. Crucif. 79.*

PASSE-RAGE. Fusch. ed. Fr. ch. 184.

Grande PASSE-RAGE,

LEPIDIUM Iberis.

LEPIDIUM
IBERIS.
PASSE-RAGE *IBÉRIDE.*

ORDRES SYSTÉMATIQUES

DE TOURNEFORT.	VON LINNÉ.	DE JUSSIEU.
Classe V. Section 2. Genre 5.	Cl. XV. Ordre 1. Siliculeuses.	Cl. XII. Ord. 3. les Cruciformes.

DESCRIPTION.

ENVELOPPE, aucune.

CALICE. *Périanthe* (F) de quatre petites feuilles disposées en cloche, égales, uniformes, placées sous le germe, moitié moins longues que les pétales, & qui tombent avec la corolle; chaque feuille (4) est elliptique ou en œuf renversé.

COROLLE. *Quatre pétales* (V) égaux, uniformes, blancs, deux fois aussi grands que les feuilles du calice, & qui tombent de bonne heure; chaque pétale (U) est en œuf renversé, entier, terminé en onglet à sa partie inférieure.

ETAMINES. *Six filets* inégaux, insérés sous le germe: quatre égalent le pistil; ils sont un peu moins longs que les pétales; deux sont plus courts; tous sont cylindriques, subulés (2). *Six anthères* (3) arrondies, formées de deux sphères adossées, jaunes.

PISTIL. *Un germe* ovoïde, légèrement comprimé, lisse, entier; *un style* court, mais pourtant très-distinct; *un stigmate* arrondi en tête (E).

NECTAR. *Aucune glande.*

PÉRICARPE. *Silicule* (5) ovoïde, aiguë, légèrement comprimée; les deux faces sont convexes; les bords tranchans; la base est arrondie en œuf ou en cœur échancré; le sommet est pointu; cette silicule est divisée en deux loges par une cloison verticale (6), qui coupe la largeur en deux; elle s'ouvre en deux valves (C.C.); chaque valve est concave en bateau, à dos tranchant, & contient une graine.

RÉCEPTACLE. *Cloison* (6) moins large que le péricarpe, lancéolée, & placée verticalement dans un sens opposé à la largeur du fruit.

SEMENCES. *Deux graines* (7.7.), une dans chaque loge du péricarpe; chaque graine est oviforme, lisse.

RACINE. *Une ou deux fibres* pivotantes, fusiformes, cylindriques, garnies de fibrilles.

TRONC. *Tige* verticale, feuillée, lisse, unie, glabre, dure, pleine de moëlle; devient fistuleuse, garnie de branches qui s'élèvent verticalement; ces branches ont des rameaux qui portent les fleurs; ces rameaux ont des ramifications courtes & fleuries.

FEUILLES. Les inférieures sont lancéolées, dentées à leurs bords, aiguës par leurs extrémités, pétiolées & larges; les supérieures sont sessiles, linéaires, souvent très-entières, d'autrefois garnies au sommet de deux dents, une de chaque côté; toutes sont très-glabres, très-lisses, très-luisantes, & veinées.

PORT. D'une racine sort une tige verticale droite; cette tige est garnie de feuilles alternes. De l'aisselle des feuilles sortent des branches verticales; mais à peine ces branches sont sorties, que les feuilles tombent. Les branches poussent d'autres feuilles, de l'aisselle desquelles sortent des rameaux horizontaux. Les fleurs terminent ces rameaux, & elles sont disposées en petit bouquet; les fruits qui y succèdent sont en petites grappes.

VÉGÉTATION. Sort de terre en avril-mai, fleurit de juin à septembre; les fruits grossissent & mûrissent à fur & à mesure; la plante périt aux premières gelées; sa durée totale est de cinq à six mois; souvent elle résiste aux gelées, & alors elle persiste, & passe d'une année à l'autre.

LIEU. Les terrains sablonneux.

PROPRIÉTÉS. { *Odeur;* la plante, froissée entre les doigts, est inodore. *Saveur;* la plante mâchée est piquante au goût.

ANALYSE. Inconnue. On pense que cette plante contient les mêmes principes que la précédente.

VERTUS, USAGE, DOSE, } Les mêmes que la grande Passe-rage, *Lepidium latifolium*, décrite page 76.

ETYMOLOGIE. *Lepidium.* Voyez la page 76. *Iberis*, nom d'une contrée. Cette plante a reçu ce nom, parce qu'on la trouva pour la première fois dans l'ancienne Ibérie, dont elle a conservé le nom.

NOM GÉNÉRIQUE PHYTONOMATOTECHNIQUE.

VEHFUAFUAMILE.

SYNONYMIE.

LEPIDIUM (*Iberis*) *floribus hexandris, foliis inferioribus lanceolatis, serratis, superioribus linearibus integerrimis L. mantis.* 425.

——— (*Iberis*) *floribus diandris tetrapetalis, foliis inferioribus lanceolatis, serratis, superioribus linearibus integerrimis. Mil. Dic. n°. 4. Lin. Syst. Plant. 3. 221. id. Spe. Pl. 900. id Mur. Syst. Veget. ed. 14. 587. Gouan. Flor. Monsp. 145. id. Hort. 315. Sauv. Met. fol. 93. Gerard. Flor. Gal. Prov. 346. Allion. Flor. Pedemont. n°. 930.*

——— *gramineo folio sive Iberis. Tourn. Inst. 216. Garidel. 279. Garsault. Icon. 338. id. Dic. 6. pag. 23. Vail. Bot. Par. 115.*

IBERIS. *Dod. Pent. 714. J. B. Hist. 2. pag. 918. C. B. in Mathiol. 237.*

——— *latiore folio. C. B. Pin. 97.*

PASSE-RAGE graminiforme. Lam. Flor. Fr. 2. pag. 469.

——— Ibéride.

LA PASSE-RAGE sauvage. Gouan. Flor. Monsp. 145.

LÉPIDION ibéride. Dubourg. 2. 96.

LEPIDIUM Cardamines. L.

LEPIDIUM
CARDAMINES.
PASSE-RAGE CRESSONNÉE.

ORDRES SYSTÉMATIQUES

DE TOURNEFORT.	VON LINNÉ.	DE JUSSIEU.
Cl. V. Sect. 2. G. 2. *Nasturtium.*	Cl. XV. Ordre 1. Siliculeuses.	Cl. XII. Ord. 3. les Cruciformes.

DESCRIPTION.

ENVELOPPE, aucune.

CALICE. *Périanthe* (F) de quatre feuilles égales, ovoïdes-renversées, obtuses (2), moitié moins longues que les pétales, insérées sous le germe, & qui tombent de bonne heure.

COROLLE. *Quatre pétales* (V) égaux, blancs, évasés, presque orbiculaires, terminés chacun dans leur partie inférieure par un onglet (U) qui vient s'insérer sous le germe; ces pétales tombent de bonne heure.

ETAMINES. *Six filets* (H) inégaux : quatre sont placés deux à deux, vis-à-vis des faces aplaties du germe; ils sont les plus grands, & égalent la hauteur du pistil; ils sont moins longs que les pétales; deux autres sont plus petits, & sont placés un à un vis-à-vis des angles du germe; tous ces filets sont subulés (3), cylindriques, blancs, & tombent en même temps que les pétales; *six anthères* (4) arrondies, jaunes.

PISTIL. *Un germe* ovoïde, lisse, comprimé; aucun *style; un stigmate* arrondi non persistant.

NECTAR, aucun.

PÉRICARPE. *Capsule* (5) ovoïde, lisse, divisée dans sa largeur en deux loges (6) par une cloison verticale contraire au grand diamètre de la silicule; elle s'ouvre en deux valves (C.C.) semi-ovoïdes, concaves, & qui renferment chacune une semence; chacune de ces valves est en petit bateau, tranchante par le dos.

RÉCEPTACLE. *Cloison* (E) lancéolée, lisse, égale à l'épaisseur du fruit, moins large que son grand diamètre, lisse, & qui donne attache à deux graines, une de chaque côté.

SEMENCES. *Deux graines* (Z), une dans chaque loge du péricarpe; chacune est oviforme, petite, rousse & lisse.

RACINE. *Fibre* cylindrique, garnie de fibrilles aussi cylindriques, déliées & ramifiées.

TRONC. *Tige* cylindrique, blanchâtre, dure, ligneuse, ordinairement foible, couchée par terre, produisant des branches ou des rameaux. *Voyez* port.

FEUILLES (7), pinnées ou pinnatifides, mais plus constamment en lyre; chacune est formée de plusieurs lobes latéraux, ou de plusieurs folioles latérales, qui vont en grandissant en approchant de l'extrémité de la feuille; cette extrémité est toujours plus grande que les autres folioles ou que les autres lobes; elles sont toutes blanchâtres & entières.

SUPPORTS.
- *Armes*, *Stipules*, *Bractées*, aucune.
- *Pétioles*, aucun, à moins qu'on ne donne ce nom à la côte moyenne des feuilles pinnées, les feuilles radicales sont pétiolées.
- *Pédoncules*, aplatis, solitaires, un peu plus longs que les germes, de la longueur des silicules; chacun soutient une fleur.
- *Vrilles*, aucune.

PORT. De la racine sortent plusieurs feuilles pinnées, disposées en rosette. Plus, plusieurs tiges procumbantes, feuillées; de l'aisselle des feuilles sortent des branches verticales feuillées & fleuries; quelquefois ces branches donnent des rameaux aussi fleuris; les branches feuillées sont alternes; les fleurs sont terminales, disposées en petites têtes; les fruits sont en épis.

VÉGÉTATION. Sort de terre en avril-mai, fleurit en juin-juillet; les fruits mûrissent à fur & & à mesure; la plante périt aux gelées; la racine vit deux années.

LIEU. Les montagnes de la Navarre; les terrains argileux.

ANALYSE, VERTUS, USAGE, DOSE, } inconnues.

ÉTYMOLOGIE. *Lepidium.* Voyez la page 76, *Cardamines*, du mot *Cardamina*, Cresson, parce que cette plante ressemble au Cresson.

NOM GÉNÉRIQUE PHYTONOMATOTECHNIQUE.

VEHFUAFUAMILE.

SYNONYMIE.

LEPIDIUM (*cardamines*) *foliis radicalibus pinnatis, caulinis lyratis. L. Syst. Pl. 3. 218 id. Spe. Pl. 899. Mur. Syst. Veget. ed. 14. 586. Gouan. Hort. 314. Act. Stockh. 1755, 273, tab. 8, 9. Crantz. Crucif. 84, n°. 6.*

——— *foliis inferioribus alterno-pinnatis, carnosis, glaucis; superioribus sessilibus dentatis, apice ovatis. Arduin. Spec. 1, pag. 19, tab. 18.*

PASSE-RAGE cressonnée.

LEPIDIUM Procumbens . *L.*

LEPIDIUM
PROCUMBENS.
PASSERAGE *COURBÉE.*

ORDRES SYSTÉMATIQUES.

DE TOURNEFORT.	VON LINNÉ.	DE JUSSIEU.
Cl. V. Sect. 2. G. 6. *Nasturtium.*	Cl. XV. Ord. 1. les Siliculeuses.	Cl. XII. Ord. 3. les Cruciformes

DESCRIPTION.

ENVELOPPE, aucune.

CALICE. *Périanthe* (G) de quatre feuilles, disposées en cloche, égales, uniformes, elliptiques, oblongues, presque aussi grandes que les pétales : elles sont très-petites, & tombent avec la corolle.

COROLLE. *Quatre pétales* (V) égaux, blancs, un peu plus grands que les feuilles du calice, & qui tombent de bonne heure; chaque pétale (U) est en œuf renversé, entier, & terminé en onglet à sa partie inférieure.

ETAMINES. *Six filets* (3) inégaux : deux sont plus courts; quatre sont plus grands & aussi élevés que les pétales; ils égalent la hauteur du pistil. *Six anthères* (H) égales, arrondies, jaunes, formées de deux hémisphères (2) lisses.

PISTIL. *Un germe* elliptique, lisse, de la longueur des étamines ; *aucun style*; un *stigmate* (E) en petite tête appliquée immédiatement sur le germe.

NECTAR, aucun.

PÉRICARPE. *Silicule* elliptique, très-entière, pointue, légèrement comprimée, divisée intérieurement en deux loges égales par la présence d'une cloison (4) verticale, moins large que le fruit, & placée dans le sens contraire à sa largeur; cette cloison coupe en deux valves (C. C.) le grand diamètre de la silicule; chacune de ces valves est concave en forme de petit bateau, & tranchante sur le dos; elle constitue avec la cloison une loge : dans chaque loge sont renfermées quatre à cinq semences.

RÉCEPTACHE. *Cloison* (4) verticale qui coupe la largeur du péricarpe en deux parties égales, & donne attache à plusieurs graines.

SEMENCES. *Plusieurs graines* (5), ordinairement quatre à cinq à chaque loge du péricarpe : ces graines sont plus petites que des têtes de camion.

RACINE. *Une fibre* pivotante, cylindrique, garnie de fibrilles latérales cylindriques.

TRONC. *Une* ou *plusieurs tiges* courbées vers terre à leur partie inférieure, ensuite redressées, cylindriques, feuillées, souvent branchues, jamais ramifiées, terminées par les fleurs ou fruits.

FEUILLES, les premières sont simples, en œuf renversé; les secondes, radicales, sont ternées, découpées en trois lobes; les inférieures, caulinaires, sont pinnatifides, de cinq lobes ou folioles ; les lobes supérieurs sont ternés & quelquefois simples ; dans toutes ces feuilles, le foliole terminal est toujours le plus long & le plus large : elles sont lisses, glabres & périolées.

SUPPORTS. { *Armes*, *Stipules*, *Bractées*, } aucune.
Pétioles aplatis, aussi longs que les feuilles; les folioles sont sessiles.
Pédoncules cylindriques, plus longs que les fruits.
Vrilles, aucune.

PORT. *D'une racine* commune sortent plusieurs feuilles, de plusieurs formes, simples, ternées & pinnées; plus, deux à trois tiges, qui d'abord se courbent vers terre, puis se redressent presque verticalement; ces tiges poussent quelquefois aux aisselles des feuilles inférieures, des branches peu feuillées; les feuilles sont distantes, en petit nombre & alternes; les fleurs sont terminales, en petits corymbes; les fruits sont disposés en thyrses allongés.

VÉGÉTATION. Sort de terre en avril, fleurit en mai-juin; les semences mûrissent à mesure, & tombent de bonne heure: la plante meurt pour ne plus reparoître.

LIEU. Les environs de Montpellier & aux environs de Paris; aux bords des fossés dans les prairies & les champs.

PROPRIÉTÉS. { *Odeur;* la plante froissée est peu odorante.
Saveur; la plante mâchée a le goût de cresson.

ANALYSE, VERTUS, USAGE, DOSE, } inconnus.

ETYMOLOGIE. *Lepidium.* Voyez la page 76, *Procumbens*, terme de botanique, destiné à exprimer une courbure que font souvent les plantes vers terre, par la partie inférieure de la tige, avant de s'élever verticalement.

NOM GÉNÉRIQUE PHYTONOMATOTECHNIQUE.

VEHFUAFUANIZE.

SYNONYMIE.

LEPIDIUM (*Procumbens.*) *Foliis sinuato pinnatifidis : impari majore, scapo nudo, caulibus prostratis racemiferis. L. Syst. Pl. 3. 217. id. Spe. pl. 898. Mur. Syst. Veget. ed. 14. p. 586, Crantz. Crucif. 83. Allion. Flor. Ped. n°. 926.*

——— *foliis pinnatis : impari majore, caule procumbente. Sauv. Met. fol. 228.*

——— *foliis omnibus alternatim pinnatis. Dalib. Paris. 194.*

NASTURTIUM *foliis sinuato-pinnatifidis, caulibus ramosis procumbentibus. Ger. Flor. Gal. Prov. p. 346. n°. 4.*

NASTURTIUM *pumilum supinum vernum. Magnol. Monsp. 185. tab. 184. Tourn. Inst. 214. id. Herbor. 506. id. ed. 2, v. 2. 462. Vail. Bot. Par. 144. Fabreg. 5. pag. 261. Garidel. 328.*

LÉPIDION couché. Dub. 2. 97.

PASSE-RAGE courbée.

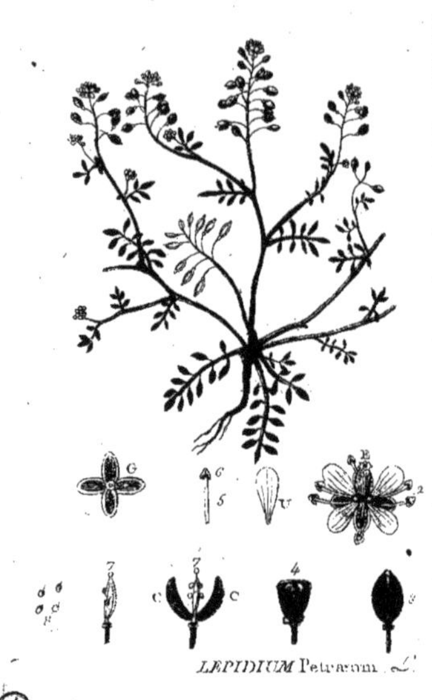

LEPIDIUM Petræum. L.

LEPIDIUM
PETRÆUM.
PASSE-RAGE *PÉTRÉE.*

ORDRES SYSTÉMATIQUES

DE TOURNEFORT.	VON LINNÉ.	DE JUSSIEU.
Cl. V. Sect. 2. G. 2. *Nasturtium.*	Cl. XV. Ordre 1. Siliculeuses.	Cl. XII. Ord. 3. les Cruciformes.

DESCRIPTION.

ENVELOPPE, aucune.

CALICE. *Périanthe* (G) de quatre feuilles égales, concaves, ordinairement plus larges que les pétales, & qui tombent de bonne heure. Chaque feuille est blanche aux bords, verte en dessus & rougeâtre en dessous.

COROLLE. *Quatre pétales* égaux, blancs, très-écartés, très-petits, souvent plus courts que les feuilles du calice, lancéolés, quelquefois en œuf renversé (U). Et enfin, selon quelques Auteurs, ces mêmes pétales souvent manquent. Chacun de ces pétales s'attache sous le germe, et tombe de bonne heure.

ETAMINES. *Six filets* (5) blancs, cylindriques, écartés, insérés sous le germe : quatre sont disposés deux à deux, vis-à-vis des faces aplaties du germe ; deux autres sont isolés un à un vis-à-vis des deux angles du même germe : ces filets sont ordinairement plus longs que les pétales ; *six anthères* arrondies, et échancrées en cœur (6).

PISTIL. *Un germe* ovoïde, un peu convexe ; aucun *style* ; *un stigmate* denté en forme de couronne (E).

NECTAR, aucun. Quelques individus des plus vigoureux sont quelquefois munis de deux petites glandes, une de chaque côté, à la base des grandes étamines.

PÉRICARPE. *Silicule* (3) aiguë par les deux bouts, lisse, plane par la face supérieure, convexe à la face inférieure, divisée en deux loges (4) par une cloison verticale qui coupe la grande largeur du péricarpe en deux panneaux (C. C.) naviculaires, égaux, & par conséquent moitié moins larges que le fruit. Ce fruit s'ouvre du haut en bas, pour laisser tomber les graines.

RÉCEPTACLE. *Cloison* (7) verticale, lancéolée, moins large que le grand diamètre du fruit : elle est bordée par un petit bord presque droit d'un côté, et un peu en portion de cercle de l'autre.

SEMENCES. *Deux graines* (8) à chaque loge du péricarpe ; chacune de ces graines est arrondie, lisse, rougeâtre & plus petite qu'une petite tête de camion.

RACINE. *Une Fibre* verticale, pivotante, cylindrique, dure, & qui se ramifie en plusieurs fibrilles secondaires.

TRONC. *Tige* cylindrique, flexueuse, rarement simple, ordinairement branchue, souvent ramifiée, feuillée, lisse & glabre.

FEUILLES (7) pinnées, formées par une côte moyenne, ou pétiole commun, & par depuis cinq jusqu'à quinze folioles égales, rangées sur les deux côtés par paires opposées avec une terminale. Chacune de ces folioles est oblongue, quelquefois élancée & légèrement pétiolée très-entière.

SUPPORTS.
- *Armes*, *Stipules*, *Bractées*, aucune.
- *Pétioles*, de deux sortes, communs à plusieurs folioles : ceux-ci sont semi-cylindriques, aplatis supérieurement ; de particuliers, un pour chaque foliole : ceux-ci sont grêles et courts.
- *Pédoncules*, cylindriques, uniflores.
- *Vrilles*, aucune.

PORT. D'une racine sortent plusieurs feuilles courbées sur terre, & plusieurs tiges flexueuses, ascendantes, d'abord si rapprochées, que toute la plante forme une touffe sphérique ; mais à mesure que les tiges s'alongent, à mesure aussi cette sphéricité disparoît, et alors on voit distinctement toutes les parties. Les feuilles sont alternes, pétiolées. Les folioles sont ordinairement opposées, mais on y en observe aussi d'alternes. Les fleurs sont disposées en corymbes, mais ces corymbes s'alongent, en laissant au dessous un thyrse de fruits. La grandeur de toutte la plante varie depuis un pouce jusqu'à trois pouces de haut.

VÉGÉTATION. Sort de terre en février-mars, fleurit incontinent après : les fruits sont mûrs à la fin d'avril-mai : la plante périt pour ne plus reparoître : elle se sême d'elle-même : sa durée totale est tout au plus de trois mois.

LIEU. Les terrains pierreux, secs, arides ou sablonneux de la France, aux environs de Paris.

PROPRIÉTÉS.
- *Odeur ;* froissée, elle a l'odeur de cresson.
- *Saveur ;* mâchée, est piquante au goût, & assez semblable à la saveur du cresson de jardin.

VERTUS, USAGE, DOSE, Inconnus.

ETYMOLOGIE. *Lepidium.* Voyez la page 76, *Petræum*, Pétrée, des pierres, parce que cette plante vient de préférence dans les lieux secs et pierreux.

NOM GÉNÉRIQUE PHYTONOMATOTECHNIQUE.

VEHFUAFUAMIZE.

SYNONYMIE.

LEPIDIUM (*Petæum*) *foliis pinnatis, integerrimis ; petalis emarginatis calice minoribus. Jac. Austriac. tab. 131. L. Sist. pl. 3. 217. id. Spe. 899. Mur. Syst. veget. ed. 14. pag. 586. Allion. Flor. Pedemont. n°. 928.*

——— (*Linnæi*) *petalis calice vix majoribus, siliculâ carente, Crantz. Austr. pag. 9. tab. 2. fig. 4. 5.*

CARDAMINE *pusilla saxatilis montana discoïdes, Col. Ecph. 1, pag 274. tab. 273.*

NASTURTIUM (*Petræum*) *foliis pinnatis, lanceolatis, petalis calice vix majoribus silicula cordatè retusa, Crantz. Crucif. 80.*

Pumilum vernum. C. B. Pin. ed. 1. page 105. Tourn. Inst. 214. Vail. Bot. par. 144. Garid. id. 227

——— *foliis pinnatis, radicalibus, ovatis, lanceolatis, caulinis linearibus, Hal. Helv. n°. 515.*

——— *foliis pinnatis, petalis emarginatis, calice minoribus. Ger. Flor. Gal. Prov. 347.*

LÉPIDION Pétré, Dubourg. 2. 96.

PASSE-RAGE pétrée.

N.B. Plusieurs Auteurs confondent cette plante avec la précédente, & ils assurent que l'une est variété de l'autre : les différences considérables qu'on trouve lorsque l'on compare l'une à l'autre, démontrent parfaitement le contraire ; ces deux plantes ont des caractères tout-à-fait dissemblables. La Passe-rage courbée a constamment quatre graines & quelquefois plus dans chaque loge, ce qui fait huit graines, & souvent plus dans chaque fruit. La Passe-rage pétrée, au contraire, n'a que deux graines à chaque loge ; ce qui ne fait que quatre pour chaque fruit. La Passe-rage courbée n'a jamais plus de quatre folioles sessiles, latérales & six feuilles. La Passe-rage pétrée en a au contraire souvent plus de dix, & ces folioles sont pétiolées.

LEPIDIUM Alpinum. L

LEPIDIUM
ALPINUM.
PASSE-RAGE *DES ALPES.*

ORDRES SYSTÉMATIQUES

DE TOURNEFORT.	VON LINNÉ.	DE JUSSIEU.
Classe V. Sect. 2. Genre 2. *Nast.*	Cl. XV. Ord. 1. les Siliculeuses.	Cl. XII. Ord. 3. les Cruciformes.

DESCRIPTION.

ENVELOPPE, aucune.

CALICE. *Périanthe* (F) de quatre feuilles égales, droites, moitié moins grandes que les pétales, & qui tombent avec la corolle; chacune de ces feuilles est elliptique, entière, glabre, & bordée d'un feuillet membraneux, blanchâtre.

COROLLE. *Quatre pétales* égaux, uniformes, évasés, disposés en croix, infundibuliformes; chacun (U) est formé d'une lame ovoïde, renversée, & d'un onglet un peu moins long que la lame. Tous sont insérés sous le germe, & tombent de bonne heure.

ETAMINES. *Six filets* inégaux: quatre égalent la longueur du pistil, deux sont plus courts, tous sont subulés, blancs & tombent de bonne heure. *Six anthères* jaunes, arrondies. Quelquefois deux étamines avortent; alors cette plante n'a que quatre étamines.

PISTIL. *Un germe* ovoïde, élancé, lisse, de la longueur des feuilles du calice. *Un style* égalant un tiers du germe cylindrique; *un stigmate* en petite tête.

NECTAR. Deux glandes peu visibles à l'œil, placées entre les deux petites étamines & le pistil, une de chaque côté, pointues.

PÉRICARPE. *Silicule* oviforme, lancéolée, pointue, & surmontée du style qui persiste, divisée verticalement en deux loges (3) par une cloison moins large que le grand diamètre du fruit, & qui la traverse dans son épaisseur. Cette silicule s'ouvre en deux valves (C.C.) égales, concaves, lisses, & renferme trois à cinq graines.

RÉCEPTACLE. *Cloison* (H) lancéolée, membraneuse (2), verticale, aussi large que le petit diamètre du fruit, & placée dans le sens de ce petit diamètre; moins large que le grand diamètre, & opposée à ce même grand diamètre: cette cloison donne attache aux graines.

SEMENCES. *Trois à cinq graines* (Z) elliptiques, un peu comprimées, rougeâtres, placées dans les deux loges du fruit.

RACINE. *Une fibre* verticale, pivotante, cylindrique, garnie de fibrilles.

TRONC. Une hampe lisse, verticale, très-simple, portant les fleurs & les fruits.

FEUILLES. Souvent de deux à trois formes; savoir, de radicales (5), souterraines, très-simples, spatulées; celles-ci ont les pétioles cachés dans la terre; de plus supérieures, & qui partent du collet de la racine: celles-ci sont souvent ternées; enfin de plus élevées, partant de la base de la hampe: elles sont pinnées de cinq à sept folioles (4) elliptiques, presque sessiles: la foliole terminale égale les autres.

SUPPORTS.
- *Armes*, *Stipules*, *Bractées*, aucune.
- *Pétioles* aplatis, ordinairement communs à plusieurs folioles.
- *Pédoncules* cylindriques, plus longs que les fruits.
- *Vrilles*, aucune.

PORT. D'une racine sortent plusieurs feuilles disposées en petites touffes. Du milieu de ces feuilles sort une hampe d'un à deux pouces de haut, absolument nue de feuilles. Au haut de cette hampe, on voit plusieurs fleurs disposées en petit corymbe; les péduncules sont alternes : les fruits forment des thyrses.

VÉGÉTATION. Sort de terre en avril-mai, fleurit en juin-juillet, ses graines sont mûres en août; la plante vit ordinairement plusieurs années.

LIEU. Les montagnes des Alpes, de l'Auvergne, des Pyrénées, du Dauphiné, en Provence, à la partie septentrionale des collines du Prignon.

PROPRIÉTÉS.
- *Odeur*; froissée, elle a une odeur de cresson.
- *Saveur*; âcre, & assez analogue au goût du cresson.

ANALYSE, VERTUS, USAGE, DOSE, inconnus.

ETYMOLOGIE. *Lepidium*. Voyez la page 76, *Alpinum* des Alpes, parce que l'on trouve abondamment cette plante aux montagnes des Alpes.

NOM GÉNÉRIQUE PHYTONOMATOTECHNIQUE.

VEHFUCFUANIRE.

SYNONYMIE.

LEPIDIUM (*Alpinum*) *foliis pinnatis, integerrimis, scapo subradicato, siliculis lanceolatis, mucronatis. L. Syst. pl. 3. 217. id. Spe. pl. 899. Mur. Syst. veget. ed. 14. 586. Allion. flor. Ped. p. 927.*

——— *Foliis pinnatis, pedunculis nudis, petalis ovatis, calice longioribus. Gerard. flor. Gal. prov. 347.*

——— *Foliis pinnatis, pinnis ovatis, æqualibus. Hal. Helv. n° 516.*

——— (*Halleri*) *petalis calice longè majoribus, silicula tricuspidimucronata. Crantz. Aust. p. 8. tab. 1. fig. 3.*

CARDAMINEN *Alpina tertia, minima. Clus. hist. 128.*

NASTURTIUM *Alpinum tenuissimè divisum. C. B. pin. 105. J. B. hist. 2. 918. Rai, hist. 1. 826. n°. 4. Plak. Almag. 262. id. Phytogr. icones 204. fig. 5. Tourn. Instit. 214. Garid. 327. Chabr. 290.*

——— (*Alpinum*) *foliis pinnatis, externè latescentibus, scapo subradicato, silicula tricuspidimucronata. Crantz. Crucif. pag. 80. n°. 4. tab. 1. fig. 3.*

THLASPI *montanum minimum. Dalech. hist. 1180. id. ed. Gal. 2. p. 78.*

——— *semper virens, candidum. icon. J. B. 2. 630. Chabræ. 292.*

DRABA *Nasturtiolum Scopoli. flor. Carniol. ad. 2. n°. 791.*

PASSE-RAGE *des Alpes, Lamark. Flor. Franc. 2. p. 468.*

GENRE VI.

DRABA.

Les Draves ont un calice de quatre feuilles, une corolle de quatre pétales, fix étamines inégales (*caractères claffiques*). Le piftil devient une filicule, (*caractères de l'ordre*). Cette filicule eft divifée dans fon épaiffeur en deux loges, par la préfence d'une cloifon verticale, égale & parallèle au grand diamètre du fruit (*caractères du fecond fous ordre*); enfin les filicules de ce genre font comprimées, plus longues que larges, & font attachées immédiatement fur le réceptacle des pétales (*caractères effentiels*).

Caractères d'approximation.

Les Draves ont des rapports avec les Paffe-rages; mais, comme nous l'avons dit page 71, elles en diffèrent par la fituation & la grandeur des cloifons. La cloifon des Draves eft égale & parallèle au grand diamètre de la filicule, au lieu que celle des Paffe-rages eft plus étroite, & oppofée au grand diamètre.

Les rapports des Draves avec les Lunaires font plus exacts; ces deux genres ont leurs filicules oblongues & comprimées; la cloifon des Lunaires, comme celle des Draves, eft égale & parallèle au grand diamètre de la filicule; mais un caractère qui n'appartient qu'aux Lunaires, & qu'on ne trouve à aucun autre genre, c'eft un petit péduncule qui part du réceptacle des pétales, & qui ifole la filicule de ce réceptacle.

Les Draves fe confondent néceffairement dans Von Linné, avec les Alyffons; leur différence dans cet Auteur n'étant fondée que fur la préfence des appendices qu'on obferve fur les filets de quelques Alyffons, & fur l'abfence de ces mêmes appendices pour les Draves, plufieurs Alyffons manquent d'appendices. Il nous a donc fallu chercher un caractère & plus conftant & plus vifible. D'abord la confidération des pétales nous a féduit, & nous étions prefque déterminés à nommer Alyffons les individus de l'un & de l'autre genre à pétales entiers, & Draves, les individus à pétales échancrés; mais ce caractère n'étant pas également bien prononcé dans toutes les efpèces, nous avons préféré les caractères tirés de la forme de la filicule. Celle des Draves; fera oblongue, celle des Alyffons fera au contraire orbiculaire : d'après la confrontation des Draves avec les genres voifins, on réduira fes caractères aux marques fuivantes:

DRABA *cruciforme, filicule non ftipitée, comprimée, plus longue que large ; cloifon parallèle & égale au grand diamètre de la filicule.*

Efpèces.

1. DRABA *Montana* : Tige nue, fleurs jaunes, feuilles linéaires, lancéolées, entières, ciliées; fruit elliptique, obtus, fouvent velu, terminé par un long ftyle.
2. ——— *Aizoïdes* : Tige nue, fleurs jaunes, feuilles linéaires ciliées; fruit elliptique, pointu, terminé par un long ftyle.
3. ——— *Alpina* : Tige nue, fleurs jaunes, feuilles lancéolées, prefque elliptiques, larges de quatre à fix lignes.
4. ——— *Verna* : Tige nue, fleurs blanches, pétales profondément échancrés, feuilles lancéolées.
5. ——— *Ciliaris* : Tige nue ou feuillée, fleurs blanches, feuilles radicales, lancéolées, les caulinaires étroites, linéaires, ciliées, entières; fruit ovoïde.

6. ——— *Hirta :* Tiges garnies d'une à deux feuilles oblongues, tridentées, fleurs blanches, pétales entiers; fruit elliptique; style très-court.

7. ——— *Muralis :* Tige feuillée de deux à trois feuilles cordées, amplexicaules; pétales blancs entiers; fruit elliptique; style très-court.

8. ——— *Pyrenaica :* Tige feuillée; feuilles découpées en trois digitations, ciliées; pétales purpurins; silicules en œuf renversé.

9. ——— *Chærifolia :* Tiges feuillées; feuilles lancéolées, sessiles, entières; pétales blancs échancrés en cœur.

10. ——— *Incana :* Tiges feuillées, feuilles aiguës, dentées, sessiles; pétales blancs légèrement échancrés en cœur; silicule torse en vis.

11. ——— *Clipeata :* Tiges verticales, feuillées; pétales jaunes, entiers; feuilles lancéolées, sessiles, incanes, pointues.

12. ——— *Spatulata :* Tiges couchées, feuillées; pétales jaunes, entiers; feuilles arrondies en spatules, petites, obtuses.

TABLEAU DES DRAVES.

DRABA. *Cruciforme, silicule plus longue que large, non isolée du pédicule; cloison égale & parallèle au grand diamètre de la silicule.*	Corolle blanche ou purpurine, jamais jaune.	Tige fleurie feuillée; feuilles jamais linéaires.	Feuilles très-simples; pétales blancs.	Plus de 6 feuilles caulinaires, pétales échancrés.	Feuilles entières, silicules droites.	DRABA.	*Chærifolia.*
					Feuilles dentées, silicules torses.	———	*Incana.*
				Moins de 6 feuilles caulin. pétales très-entiers.	Feuilles caulin. cordées, glabres.	———	*Muralis.*
					Feuilles non cordées velues.	———	*Hirta.*
			Feuilles à trois digitations; fleurs purpurines.			———	*Pyrenaïca.*
		Tige fleurie ordinairement nue; ou feuil. linéaires cil.	Feuilles toutes radicales; aucune tige n'est feuillée; pétales bifides.			———	*Verna.*
			Tiges latérales, stériles, feuillées; feuilles ciliées, linéaires; pétales entiers.			———	*Ciliaris.*
	Corolle toujours jaune.	Tige fleurie nue.	Feuilles linéaires étroites de 1 à 2 lignes de large.	Silicule pointue glabre, feuil. plus de 6 fois longues que larges.		———	*Aizoïdes.*
				Silicule obtuse, velue, feuilles moins de 6 fois plus longues que larges.		———	*Montana.*
			Feuilles lancéolées, larges de plus de trois lignes.			———	*Alpina.*
		Tige fleurie feuillée.	Feuilles caulinaires obtuses, petites, spatulées; silicule pointue.			———	*Spatulata.*
			Feuilles caulinaires lancéolées, point.; silicule obtuse.			———	*Clipeata.*

DRABA Cheirifolia B

ALYSSUM Incanum. *L.*

DRABA
CHÆIRI-FOLIA.
DRAVE *GIROFLÉE.*

ORDRES SYSTÉMATIQUES

DE TOURNEFORT.	VON LINNÉ.	DE JUSSIEU.
Classe V. Sect. 3. Gen. 1.	Cl. XV. Ord. 3. Siliculeuses.	Cl. XII. Ord. 1. les Cruciformes.

DESCRIPTION.

ENVELOPPE, aucune.

CALICE. *Périanthe* (F) campaniforme, velu, de quatre feuilles inégales, blanchâtres, lancéolées (U), insérées sous le germe, moitié moins grandes que les pétales, & qui tombent de bonne-heure : deux de ces feuilles sont un peu plus larges & opposées; les deux autres sont aussi opposées & plus petites : toutes sont lancéolées, aiguës.

COROLLE. *Quatre pétales* (V) égaux, uniformes, blancs, évasés, deux fois aussi élevés que les feuilles du calice : chacun de ces pétales est formé d'un limbe (W) en cœur renversé, profondément échancré, & d'un onglet subulé de la longueur du calice. Ces pétales s'insèrent sous le germe, & tombent avec le calice.

ETAMINES. *Six filets* inégaux ; quatre sont plus grands, égaux au pistil, presque aussi grands que les pétales, deux de chaque côté du germe ; deux autres sont plus petits : ils égalent les feuilles du calice ; ceux-ci sont situés un à un aux deux côtés du germe : chacun de ces filets (2) est subulé, cylindrique. *Six anthères* (H) cordées, jaunes.

PISTIL. *Un germe* elliptique, légèrement comprimé, entier, velu, blanchâtre ; *un style* cylindrique, égal en longueur au germe ; *un stigmate* (F) en tête arrondie, quelquefois un peu fendu.

NECTAR. *Deux glandes* (4.4.) situées, une de chaque côté, à la base des petites étamines ; plus, deux éminences, une sur chacun des filets des petites étamines (3.3.) : ces éminences sont formées par la cessation subite d'une élargissure de la base des filets.

PÉRICARPE. *Silicule* elliptique, légèrement comprimée, presque cylindrique, divisée dans son épaisseur en deux loges égales, par une cloison verticale, égale au grand diamètre du fruit : cette silicule s'ouvre en deux valves elliptiques de la largeur de toute la silicule : chacune est concave (C) & rude au toucher. Chaque loge renferme plusieurs semences.

RÉCEPTACLE. *Cloison* verticale elliptique (E. 4.), blanche, égale au grand diamètre du fruit, surmontée du style qui persiste, & dont la longueur égale la moitié de la longueur de la silicule : cette cloison donne attache aux graines, & persiste sur la plante.

SEMENCES. Plusieurs graines dans chaque loge du péricarpe. Chacune de ces graines est rougeâtre, orbiculaire, comprimée (Z).

RACINE. Fibreuse.

TRONC. Tige cylindrique, verticale, droite, feuillée, couverte d'un duvet court, rarement ramifiée, mais ordinairement branchue. Branches droites, feuillées, fleuries, & souvent un peu anguleuses.

FEUILLES. Très-simples, incanes, lancéolées, terminées ordinairement en pointe par le sommet, base rétrécie en pétiole ; les bords sont entiers, quelquefois ciliés de cils très-écartés.

La ſurface ſupérieure eſt liſſe, incane, marquée d'une crénelure en enfoncement au centre, qui indique le lieu de la nervure; la ſurface inférieure eſt garnie d'une nervure ſaillante, ramifiée.

SUPPORTS.
- *Armes*, *Stipules*, *Bractées*, aucune.
- *Pétioles*. Les feuilles inférieures ſont ſenſiblement pétiolées; les ſupérieures ſont ſeulement rétrécies en pétiole.
- *Pédoncules* très-ſimples, nombreux, ſolitaires, pluſieurs fois plus longs que les germes, cylindriques, droits & velus.
- *Vrilles*, aucune.

PORT. D'une racine vivace ſortent pluſieurs tiges droites, verticales, feuillées; ces tiges pouſſent, des aiſſelles, des feuilles, des branches auſſi feuillées: les feuilles ſont alternes, plus longues que les entre-nœuds: les fleurs ſont placées à l'extrémité des branches, & diſpoſées d'abord en corymbe, enſuite en thyrſe: à meſure que chaque corymbe défleurit, les fruits forment des épis lâches, cylindriques.

LIEU. Les terrains incultes de la Provence, aux montagnes des Alpes.

VÉGÉTATION. Cette plante ſort de terre en mai, fleurit en juin & juillet. Les fruits ſont mûrs en août-ſeptembre. Les tiges périſſent aux premières gelées. Les racines vivent pluſieurs années.

PROPRIÉTÉS.
- *Odeur*; (toute la plante entière froiſſée eſt inodore.
- *Saveur*; les feuilles mâchées ſont ſur la langue une impreſſion légèrement ſalée, aſtringente, mais en général elles ſont peu ſapides.

ANALYSE, VERTUS, USAGE, DOSE, inconnus.

ETYMOLOGIE. *Draba* vient du mot grec Δραβη, *acris*. Ce nom fut donné anciennement à une eſpèce de Paſſe-rage, à cauſe de l'âcreté de ſon ſuc, *Chœirifolia*, à feuilles de giroflée, parce que cette eſpèce a ſes feuilles comme le giroflier.

NOM GÉNÉRIQUE PHYTONOMATOTECHNIQUE.

V E H F U A F U A N I L Æ.

O U

V E H F W T F U A N I V Æ.

SYNONYMIE.

DRABA. (*Chœirifolia*) *caule erecto; foliis lanceolatis, incanis, integerrimis; floribus corymboſis; petalis bifidis.*

———— (*Chœiranthifolia*) *foliis caulinis, numeroſis, oblongo-lanceolatis, integerrimis, incanis; petalis bifidis; ſiliculis ellipticis ſtylo mucronatis. Lamk. Encyclop.* 2. 328.

———— *Chœiriformis. Lamk Flor. Fr.* 2. 462.

ALYSSUM. (*Incanum*) *caule erecto, foliis lanceolatis, incanis, integerrimis, floribus corymboſis, petalis bifidis. L. Spe Pl.* 908. *Id. Hort. Clif.* 332. *id. Fl. Sue.* 528, 582; *id. Syſt. Veget.* 3. 233. *Mur. Syſt. Veget. ed.* 14. 590. *Crantz. Auſtr. p.* 15. *id. Crucif.* 89. *n°.* 7. *Alion. Fl. Ped. Mont. n°.* 889.

———— *Caule erecto, foliis lanceolatis, petalis ſemi-bifidis. Gerard. Flor. Gal. Prov.* 350.

———— *Fruticoſum. incanum T. Inſt.* 217.

THLASPI. *Fruticoſum incanum. C. B. Pin.* 108.

———— *Incanum flore albo; capſulis oblongis. J. B. Hiſt.* 929. *Mur. hiſt.* 2. *p.* 292. *ſec.* 3. *Tab.* 16. *fig.* 7.

———— *Incanum machlinienſe. Clus. Hiſt.* 2. *p.* 132. *fig. Lob. Icon.* 216. *id. Obſer.* 108. *fig. Dalechamp. hiſt.* 1181. *id. ed. Gal.* 2. 79.

DRAVE Giroflière. *Lamark. Fl. Fr.* 2. 462.

DRABA Incana. L.

DRABA

INCANA.

DRAVE *INCANE.*

ORDRES SYSTÉMATIQUES

DE TOURNEFORT.	VON LINNÉ.	DE JUSSIEU.
Claſſe V. Section 3. Genre 5.	Claſſe XV. Ordre 1. *Siliculeuſes.*	Claſſe XII. Ordre 3. *Crucifor.*

DESCRIPTION.

ENVELOPPE. aucune.

CALICE. *Périanthe* (F) campaniforme, de quatre feuilles moitié moins grandes que les pétales, égales, uniformes, ovoïdes, entières (2), pointues, d'un vert blanchâtre, & qui tombent avec la corolle.

COROLLE. *Quatre pétales* (v) égaux, uniformes, blancs, évaſés, diſpoſés en croix : chacun eſt formé d'un limbe (U) élargi, tronqué & légèrement échancré; d'un onglet qui ſe rétrécit inſenſiblement en approchant de ſon inſertion : ces pétales tombent de bonne heure.

ETAMINES. *Six filets* (2) inégaux, de la longueur du piſtil; les deux plus petits égalent le calice: chacun d'eux eſt ſubulé, cylindrique. *Six anthères* égales, arrondies, jaunes (3).

PISTIL. *Un germe* liſſe, cylindrique; *un ſtyle* court; *un ſtigmate* aigu (E).

NECTAR. Je n'ai aperçu aucune glande.

PÉRICARPE. *Silicule* (4), lancéolée, aplatie, glabre, torſe en vis, diviſée en deux loges par une cloiſon égale & parallèle au grand diamètre du fruit: cette ſilicule s'ouvre en deux valves elliptiques, torſes (C. C.); chaque valve couvre pluſieurs graines.

SEMENCES. *Pluſieurs graines* (z) ovoïdes comprimées, rouſſes.

RACINE. *Fibre* perpendiculaire, cylindrique, garnie de fibrilles latérales, plus grêles, chevelues & auſſi cylindriques.

TRONC. Tige cylindrique, ſtriée, garnie de beaucoup de feuilles; verticale, ſouvent branchue, rarement ramifiée, terminée par les fleurs, & incane velue.

FEUILLES. Pluſieurs lancéolées, incanes, veinées, ſeſſiles, velues, aiguës, dentées par les bords, mais ſurtout au ſommet.

SUPPORTS.
- *Armes*, *Stipules*, *Bractées*, aucune.
- *Pétioles*, aucun : toutes les feuilles caulinaires ſont ſeſſiles.
- *Pédoncules* cylindriques, verticaux, uniflores, à peine plus longs que les fleurs, beaucoup plus courts que les ſilicules
- *Vrilles*, aucune.

PORT. D'une racine sort une rosette de feuilles couchées sur terre, incanes : du milieu de ces feuilles s'élève une tige de quatre à huit pouces, verticale, feuillée ; ces feuilles sont obliques, alternes, & de moins en moins grandes, à mesure que l'on monte le long de la tige : de l'aisselle des feuilles supérieures, sortent des branches obliques, redressées. Les fleurs sont terminales, blanches, disposées en une touffe presque en tête ; les fruits sont le long de la tige en forme de grappes.

LIEU. Les terrains humides, au bas des montagnes.

VÉGÉTATION. Sort de terre au printemps ; ses rosettes durent toute l'année. Du milieu des rosettes, au second printemps, s'élève la tige ; cette tige fleurit en mai, fructifie en juin, puis la plante périt pour ne plus reparoître.

PROPRIÉTÉS. { *Odeur* ; la plante froissée a une odeur herbacée.
Saveur ; la plante mâchée est herbacée, très-légèrement âcre.

ANALYSE,
VERTUS,
USAGE,
DOSE, } inconnues.

ÉTYMOLOGIE. *Draba*, du mot grec Δραβη, *acris.* Voyez la page 90, *Incana*, incane, à cause de la couleur blanchâtre de toutes les parties de cette plante.

NOM GÉNÉRIQUE PHYTONOMATOTECHNIQUE.

VEHFUAFUANIVÆ.

SYNONYMIE.

DRABA. (*Incana*) *Foliis caulinis, numerosis, incanis, acutè dentatis ; siliculis obliquis subsessilibus. L. Syst. Pl. 3. 215. id Spe pl. 897. Mur. Syst. Veget. ed. 14. 585, Lamk. Encyclop. Tom. 2. 328. Miller, Dict. n°. 6. Flor. Dan. tab. 130. Gouan. Flor. Monsp. 159. id. Hort. 314.*

LUNARIA *siliqua oblonga intorta. T. Inst. 219.*

LUCOIUM *seu lunaria vasculo oblongo intorto. Pluk. Almag. 215. tab. 42. fig. 1. Rai, hist. 1. pag. 79.*

DRAVE blanchâtre. *Lamk. Flor. Fr. 2. 495.*

——— incane.

DRABA Muralis. L.

DRABA
MURALIS.
DRAVE *DES MURAILLES.*

ORDRES SYSTÉMATIQUES

DE TOURNEFORT.	VON LINNÉ.	DE JUSSIEU.
Claſſe V. Section 3. Genre 1.	Cl. XV. Ord. 1. les Siliculeuſes.	Cl. XII. Ord. 3. les Cruciformes.

DESCRIPTION.

ENVELOPPE, aucune.

CALICE. *Périanthe* (U) campaniforme, compoſé de quatre feuilles égales, ovoïdes, béantes, moitié moins grandes que les pétales, attachées ſous le germe, & qui tombent avec la corolle.

COROLLE. *Quatre pétales* (S), égaux, évaſés, blancs, très-entiers (V); chacun eſt formé par un limbe en œuf renverſé, & d'un onglet peu diſtinct du rétréciſſement du limbe; ils tombent de bonne heure.

ETAMINES. *Six filets* (H) inégaux, deux oppoſés un à un plus petits, les quatre autres ſont plus grands; tous ſont cylindriques, liſſes. *Six anthères* arrondies, jaunes, & qui s'ouvrent par les côtés.

PISTIL. *Un germe* ovoïde, liſſe, de la longueur des petites étamines; un ſtyle très-court; un ſtigmate en tête.

NECTAR. Aucun.

PÉRICARPE. *Silicule* oblongue, elliptique, comprimée, ſurmontée du ſtigmate, ſans ſtyle; cette ſilicule eſt diviſée en deux loges dans ſon épaiſſeur par une cloiſon (3) mitoyenne, auſſi large, & parallèle au grand diamètre du fruit; chaque loge renferme pluſieurs graines; le fruit s'ouvre en deux valves (C. C.) égales, elliptiques, & de la même forme que le péricarpe.

SEMENCES. *Pluſieurs graines* (4) arrondies, liſſes.

RACINE. *Une fibre* verticale, cylindrique, qui ſe diviſe en pluſieurs fibrilles.

TRONC. *Une tige* ſouvent ſimple, mais plus ordinairement branchue, très-rarement ramifiée, feuillée de trois à quatre feuilles, droite, cylindrique, ordinairement un peu velue, quelquefois très-glabre.

FEUILLES. Les radicales ſont ovoïdes, lancéolées, dentées à dents de ſcie, veinées, & légèrement petiolées; les caulinaires ſont ovoïdes ou cordiformes, plus ou moins amplexicaules, toujours dentées à dents de ſcie.

SUPPORTS.
- *Armes*, *Stipules*, *Bractées*, aucune.
- *Pétioles*, ſeulement aux feuilles radicales; ils ſont courts, aplatis, bordés d'une continuation du limbe de la feuille.
- *Pédoncules*; cylindriques, plus longs que les fruits, & redreſſés.
- *Vrilles*, aucune.

Port. D'une *racine* sort une rosette de feuilles couchées sur terre ; du milieu de cette rosette sort une tige verticale, droite, haute de six à dix pouces : cette tige est garnie de trois à quatre feuilles très-écartées, alternes ; de l'aisselle des feuilles sortent souvent de petites branches qui produisent des fleurs ; les fleurs sont terminales, disposées en petit corymbe arrondi ; les fruits sont en thyrse redressés verticalement.

Lieu. Les terrains sablonneux au bord des lacs, dans les provinces méridionales de la France, sur les murs qui forment les clôtures des jardins, sur les vieilles maisons.

Végétation. Sort de terre en mars & avril, fleurit en mai ; les fruits sont mûrs en juin, juillet ; ensuite toute les parties de la plante périssent ; sa durée totale est en tout au plus de quatre à six mois.

Propriétés. { *Odeur.* La plante froissée est inodore.
Saveur. La plante mâchée est herbacée, légèrement âcre, sur-tout les graines. }

Analyse.
Vertus.
Usage.
Dose. } Inconnus.

Etymologie *Draba.* Voyez page 90, *Muralis*, parce qu'elle croît sur les murs.

NOM GÉNÉRIQUE PHYTONOMATOTECHNIQUE.

VEHFUAFUANIVÆ.

SYNONYMIE.

Draba. (*Muralis*) *Caule ramoso, foliis ovatis, sessilibus, dentatis. L. syst. pl.* 3. 214. *Murr. syst. ed.* 14. 585.

——— (*Nemorosa*) *Caule ramoso, foliis cordatis, dentatis, amplexicaulibus. Hal. Helv. n.* 499. *Mil. Dic. n°.* 3. *Lin. Spe.* 244. *Allion flor Pedemon. n°.* 897. *Gerard flor Gal. prov.* 345.

——— *Minima muralis discoïdes colum ecph.* 272. 274.

Alysson. *Veronicæ folia T. hist.* 217. *Garid.* 27.

Bursa pastoris. *Major loculo oblongo C. B. p.* 15. 108. *Moris. hist.* 305. *n°.* 5. *Tab.* 20.

——— *Sublongo loculo affinis, pulchra planta. J. B. hist.* 2. 938.

Myagroides. *Subrotundis serratisque foliis, flore albo. Barel. icon.* 816.

Drave *des murailles.*

DRABA Hirta. *L.*

DRABA
HIRTA.
DRAVE HÉRISSÉE.

ORDRES SYSTÉMATIQUES.

DE TOURNEFORT.	VON LINNÉ.	DE JUSSIEU.
Classe V. Section 3. Genre 1.	Classe XV. Ord. 1. Siliculeuses.	Cl. XII. Ord. 3. les Cruciformes.

DESCRIPTION.

ENVELOPPE. Aucune.

CALICE. *Perianthe.* Campaniforme (U) de quatre feuilles égales, uniformes, ovoïdes-élancées, concaves, insérées sous le germe, & qui tombent avec la corolle.

COROLLE. *Quatre pétales* (V) uniformes, égaux, évasés, deux fois aussi grands que les feuilles du calice, blancs, entiers; chaque pétale est en œuf renversé, terminé du côté de son insertion par un onglet court (2). Ces pétales s'insèrent sous le germe & tombent de bonne heure.

ETAMINES. *Six filets* (H) inégaux, quatre égalent la hauteur du pistil, deux sont plus courts, & égalent le calice : tous sont cylindriques (S), subulés; *six anthères* arrondies, jaunes.

PISTIL. *Un germe* lancéolé, légèrement comprimé; *un style* court, persistant; *un stigmate* en tête.

NECTAR. Je n'ai apperçu aucune glande.

PERICARPE. *Silicule* (5) glabre, oblongue, elliptique, légèrement renflée, moins épaisse que large, divisée en deux loges par une cloison verticale, égale & parallèle au grand diamètre du fruit ; chaque loge renferme plusieurs graines ; cette silicule s'ouvre en deux valves (C.C.) égales, uniformes, & de la figure du fruit entier.

RÉCEPTACLE. *Cloison* (4) membraneuse, égale en forme & grandeur au péricarpe.

SEMENCES. Plusieurs graines lisses, ovoïdes, rousses (Z).

RACINE. Une fibre verticale, cylindrique, garnie de fibrilles.

TRONC. *Tige* cylindrique, feuillée, couchée ; de cette tige sortent des rosettes de feuilles & de nouvelles tiges verticales, simples, cylindriques, garnies de deux ou trois feuilles. *Voyez* port.

FEUILLES. Les inférieures sont entières, oblongues, hérissées de poils, ciliées, veinées & sessiles; les caulinaires sont sessiles, ovoïdes, ordinairement tridentées, aiguës, blanchâtres, velues & semi-amplexicaules.

SUPPORTS.
- *Armes.* Aucune. La plante est très-hérissée de poils, surtout aux feuilles inférieures.
- *Stipules*, *Bractées*, aucune.
- *Pétioles.* Aucun.
- *Pédoncules.* Cylindriques, à peine aussi longs que les fruits : ils sont verticaux.
- *Vrilles*, aucune.

PORT. D'une même racine sortent plusieurs tiges couchée sur terre, étendues d'un pouce tout au plus ; les petites tiges sont feuillées de feuilles fanées, alternes ; ces tiges se terminent par des rosettes de feuilles disposées en étoiles ; du milieu de ces rosettes s'élève une seconde tige presque nue, quelquefois absolument nue, mais le plus ordinairement garnie de deux feuilles alternes ; ces tiges sont verticales, simples, sans branches ; les fleurs viennent au haut de la tige sur des pédicules alternes, disposés en tête ; les fruits forment une grappe.

LIEU. Les Provinces méridionales de la France, en Provence & en Dauphiné.

VÉGÉTATION. Les rosettes des feuilles se développent en avril : elles fleurissent en mai ; les fruits sont mûrs en juin & juillet ; les tiges périssent ; souvent les tiges radicales persistent pendant les hivers : la racine vit plusieurs années.

PROPRIÉTÉS. { *Odeur.* La plante froissée est inodore.
Saveur. La plante mâchée est peu sapide.

ANALYSE.
VERTUS.
USAGE.
DOSE. } Inconnus.

ETYMOLOGIE. *Draba.* Voyez la page 90. *Hirta*, hérissée, parce que cette plante est hérissée de poils.

NOM GÉNÉRIQUE PHYTONOMATOTECHNIQUE.

VEHFUAFUANIRÆ.

SYNONYMIE.

DRABA. (*Hirta*) *Scapo unifolio ; foliis subhirsutis ; siliculis obliquis, pedicellatis. L. Syst. pl.* 3. 215. *id. spe. pl.* 877. *Murrai, syst. veget. ed.* 14. 585. *Oed. Flor. Danica*, 142. *Lamark, Encyclop. méthod.* 2. 327.

——— *Foliis lanceolatis, integris, caulibus subfoliosis ; siliculis oblongis. Gerard, flor. Gal. prov.* 345.

——— *Foliis hirsutis, incanis, ad terram ovatis, ad caulem paucissimis dentatis, Allion flor. Pedmont. n°.* 896.

——— *Cauliculis subnudis, foliis ovatis, tomentosis. Hal. Helv. n°.* 497.

——— (*Austriaca*) *rosulis hirsutis, incanis, rarò dentatis, folio ad caulem ampliori, semper dentato. Crantz. Austr.* 12. *tab.* 1. *fig.* 4.

——— (*Hirsuta*) *foliorum rosulis hirsutis, incanis, rarò dentatis ; folio ad caulem semper dentato, siliculis pedicellatis. Crantz. cruci. p.* 95. *tab.* 1. *fig.* 4. *Jacq. flor. Austri.* 5. *tab.* 432.

ALYSSON. *Alpinum poligoni folio incano. T. inst.* 217.

BARSA. *Pastoris alpina hirsuta. C. B. prodr.* 51. *fig. Moris. Hist.* 2. 306. *n°.* 8. *sec.* 3. *Tab. fig.* 8.

DRAVE *Herissée. Lamk.*

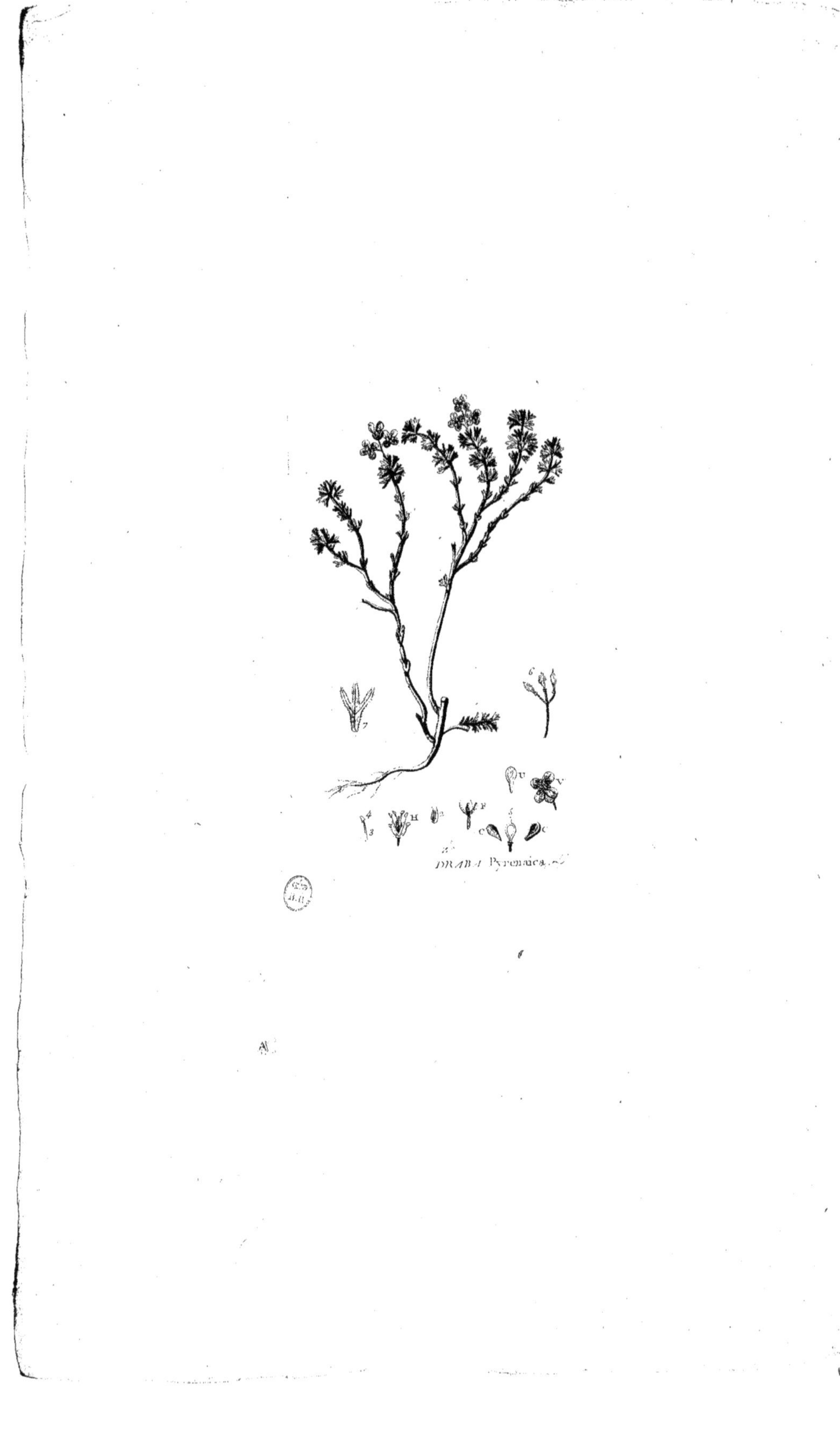

DRABA Pyrenaica.

DRABA
PYRENAICA.
DRAVE *des Pyrénées.*

ORDRES SYSTÉMATIQUES

DE TOURNEFORT.	VON LINNÉ.	DE JUSSIEU.
Classe V. Sect. 3. *Gen.* 1. *Alyss.*	Cl. XV. Ord. 1. les Siliculeuses.	Cl. XII. Ord. 3. les Cruciformes.

DESCRIPTION.

Enveloppe, aucune.

Calice. *Périanthe* (F) campaniforme, évasé, de quatre feuilles égales, uniformes, entières, insérées sous le germe, & qui tombent avec la corolle : chaque feuille (2) est ovoïde, pointue, un peu concave.

Corolle. *Quatre pétales* (V) évasés, égaux, purpurins, entiers, insérés sous le germe, & deux fois aussi grands que les feuilles du calice : chaque pétale (U) est en œuf renversé, arrondi à son limbe, & terminé en un onglet aigu à sa base.

Etamines. *Six filets* (H) inégaux, moins longs que les pétales ; quatre de ces filets excèdent les feuilles du calice, & égalent la grandeur du pistil ; deux sont plus courts, & égalent les feuilles du calice : tous ces filets tombent avec la fleur. Chaque filet (3) est subulé, cylindrique. *Six anthères* (4) jaunes, sagittées, & qui s'ouvrent par les côtés.

Pistil. *Un germe* élargi, ovoïde, lisse ; *un style* court ; *un stigmate* entier.

Nectar, aucun.

Péricarpe. *Silicule* (6) en œuf renversé, aplatie, surmontée du style qui persiste : cette silicule est divisée en deux loges par un cloison verticale, parallèle & égale au grand diamètre du fruit ; elle s'ouvre en deux valves égales (C. C.) un peu concaves, lisses, & de la même forme du fruit entier ; dans chaque loge est renfermée une graine.

Réceptacle. *Cloison* (5) mitoyenne, de la même forme & largeur du fruit, & qui la divise en deux loges.

Semences. *Deux graines* (Z) petites, ovoïdes, lisses ; une dans chaque loge, quelquefois deux dans une loge, & une dans la seconde.

Racine. *Une fibre* cylindrique, peu garnie de fibrilles.

Tronc. Tige verticale plus ou moins élevée, mais n'excédant jamais six pouces, ordinairement de deux à trois pouces de haut, cylindrique, dure, un peu inégale, branchue, rarement ramifiée, feuillée.

Feuilles toutes simples, cunéiformes 7), sessiles, divisées profondément par le sommet en trois digitations égales, obtuses, entières, ciliées, & garnies chacune d'une petite nervure qui part de la base commune.

Supports. { *Armes*, aucune. Les feuilles font garnies de poils.
Stipules, } aucune.
Bractées, }
Pétioles, aucun.
Pédoncules cylindriques, uniflores, courts, terminant les tiges.
Vrilles, aucune. }

Port. D'une racine commune fortent ordinairement deux à trois tiges courtes, d'autres fois une feule tige courte, qui ne tarde pas à fe divifer en branches : ces branches font feuillées ; les feuilles y font difpofées par touffes ou rofettes, mais très-rapprochées, & en quelque forte confufes : du haut des tiges ou branches fortent les péduncules : cette partie de la tige eft nue ; les fleurs font alternes, perpurines, terminales, au nombre de trois à fix au haut de chaque tige.

Lieu. Les montagnes & lieux arides des Provinces méridionales de la France, aux Pyrénées, au Mont-Cénis.

Végétation. Sort de terre en mars - avril, fleurit en mai ; les tiges perfiftent quelquefois les hivers, & fe confervent jufqu'à l'année d'après ; alors la plante pouffe des branches. Sa racine vit plufieurs années.

Propriétés. { *Odeur.* La plante eft inodore.
Saveur. La plante mâchée eft peu fapide. }

Analyse,
Vertus,
Usage,
Dose, } inconnus.

Etymologie. *Draba*, d'un mot Grec. Voyez la page 90, *Pyrenaica*, des Pyrénées, à caufe qu'on l'a particulièrement obfervée fur les Pyrénées.

NOM GÉNÉRIQUE PHYTONOMATOTECHNIQUE.

V E H F U A F U A N I L Æ.

S Y N O N Y M I E.

Draba. (Pyrenaica). *Scapo nudo, foliis cuneiformibus, palmatis, trilobis. Lin. Syft. pl.* 3. 214. *id. Spe.* 896. *Mur. Syft. Veget. ed.* 14. 590. *Jacq. Auftr. n°.* 228. *Scop. flor.; car. ed.* 2. *n°.* 790. *Crantz. ftir Auftria* 13, *tal.* 1. *fig.* 5. *Miller, Dict. n°.* 3. *Alion. Flor. Ped, n°.* 894. *Tab.* 8. *fig.* 1.

——— (Rubra). *Foliis cuneiformibus trifidis fcapo nudo. Crantz. Crucif.* 95. *n°.* 3. *Tab.* 1. *fig.* 5.

——— *Caulibus fupernè nudis, foliis palmatis, inferioribus quinque fidis, fuperioribus trifidis. Gerard. F. Gallopro. p.* 344. *n°.* 4.

Alysson. *Pyrenaicum perenne minimum, foliis trifidis. T. Inft.* 217. *Alion. Spec. Peden. pag.* 3. *fol.* 1. *Tab.* 6. *fig.* 1. *Rai, hift.* 3. 415.

Drave des Pyrénées. *Lamark. Flor. Franc.* 2. 460. *Id. Encyclop.* 2. 327.

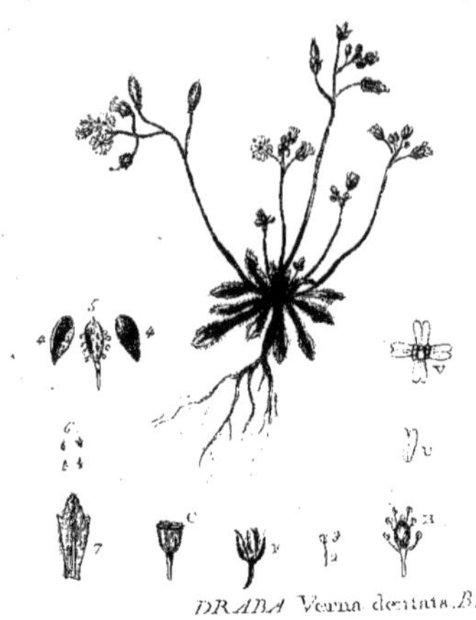

DRABA Verna dentata. *B.*

DRABA
VERNA DENTATA.
DRAVE *PRINTANIÈRE DENTÉE.*

ORDRES SYSTÉMATIQUES.

DE TOURNEFORT.	VON LINNÉ.	DE JUSSIEU.
Classe V. Section 3. Genre 1.	Classe XV. Ord. 1. Siliculeuses.	Cl. XII. Ord. 3. les Cruciformes.

DESCRIPTION.

La plante que nous avons fait représenter sous le nom de *Draba verna dentata*, est une variété de celle que nous avons décrite au tome premier, page 13, sous le nom de *Draba verna*. La variété ne diffère de son espèce, que par les dentelures que l'on observe sur les feuilles. Les fleurs (V) sont formées par quatre pétales en cœur renversé (U), égales, uniformes, deux fois plus grandes que le calice. Le périanthe (F) est de quatre feuilles ovoïdes. Le milieu de la fleur est occupé par six étamines (H) inégales, tétradynaniques, cylindriques, (2) & ayant des anthères (3) arrondies, jaunes: un pistil occupe le centre; ce pistil devient une silicule plus ou moins alongée, divisée en deux loges (C) par une cloison (5) parallèle & égale au grand diamètre du fruit; cette silicule s'ouvre en deux valves (4. 4.), & laisse tomber des graines arrondies (6). Les feuilles sont toutes radicales, ordinairement toutes dentées (7). Voyez la page 13 du Tom 1.

NOM GÉNÉRIQUE PHYTONOMATOTECHNIQUE.

VEHFWAFUANIZÆ.

SYNONYMIE.

DRABA (*verna*) *scapo ramoso, foliis lineari-lanceolatis. Gouan. Hort. 313. id. Flor. Monsp. 157.*
——— *Caule nudo, foliis crenatis. Sauv. Met. fol. 16.*
——— *Caulibus nudis, foliis incisis. L. Hort. Clif. 333. Gerard. Flor. Gal. Prov. 344.*
MYOSOTIS *parva Dalechampii, 1318. id. ed. Gal. 2. p. 207.*
BURSA *pastoria minima, oblongis siliquis, verna, loculo oblongo. J.B. Hist. 937. Chabræ. 297. Moris, Hist. sect. 3. tab. 20, fig. 7.*
——— *Alysson, vulgare foliis incisis. Vail. Bot. par. 11.*
DRABE printanière dentée.

DRABA

ALPINA.

DRAVE DES ALPES.

ORDRES SYSTÉMATIQUES.

DE TOURNEFORT.	VON LINNÉ.	DE JUSSIEU.
Cl. V. Sect. 3. G. 1. *Alyſſon.*	Cl. XV. Ord. 1. les Siliculeuſes.	Cl. XII. Ord. 3. les Cruciformes.

DESCRIPTION.

TELLE recherche & telle peine que je me ſois donnée pour me procurer la plante que j'ai fait repréſenter ſous le nom de *Draba Alpina*, je n'ai encore pu y parvenir.

Pluſieurs de nos Botaniſtes François ſe ſont perſuadés avoir cette plante dans leurs Herbiers; mais lorſque j'ai voulu m'en aſſurer par moi-même, je me ſuis convaincu que l'eſpèce qu'ils décoroient du nom de Drave des Alpes, étoit la Drave aizoïde, *Draba aizoïdes*, & qu'ils ont pris pour Drave aizoïde, la Drave que je nomme Drave des montagnes.... Ayant écrit au célèbre M. Gouan, Profeſſeur de Montpellier, pour lui demander un échantillon de la plante dont j'étois en peine, ce Profeſſeur, au lieu de m'envoyer celle que je deſirois, me fit paſſer un individu abſolument ſemblable à ma Drave des montagnes, ſous la dénomination de *Draba aizoïdes*, de ſorte que je n'ai pas été plus ſatisfait. N'ayant pu parvenir à la comparer moi-même avec les Draves connues, je me ſuis décidé à faire copier la figure que nous en a donnée Œder, dans ſa Flore de Danemarck, & je joindrai ici la deſcription que l'on trouve dans la nouvelle Encyclopédie, me réſervant d'en reparler à l'Introduction qui doit être placée à la tête de ce volume, ſi par ma perſévérance je puis enfin me procurer cette plante. — *Ses Feuilles ſont toutes radicales, ouvertes*, (Encyclop. Méthod. Tom. 2. page 326.) *diſpoſées en une petite roſette étalée ſur la terre, à la manière des Androsaces. Elles ſont ovales, lancéolées, entières, ſouvent munies de quelques dents à leur ſommet, & garnies deſſus de poils épars. La tige eſt ordinairement nue, chargée de poils rares, ſoutient un petit corymbe de fleurs, qui, par la ſuite, s'alonge en grappe; les fleurs ſont jaunes, ont leur calice velu, & leurs pétales légèrement échancrés.*

SYNONYMIE.

DRABA (*Alpina*). *Scapo nudo ſimplici foliis lanceolatis integerrimis. L. Syſt. pl. 3. 213. Mur. Syſt. veget. ed. 14. 585. Gouan. illuſt. 39. not. Œder, Flor. Danica. Tab. 56.*

DRAVE des Alpes. Lamark. Encyclop. T. 2. pag. 326.

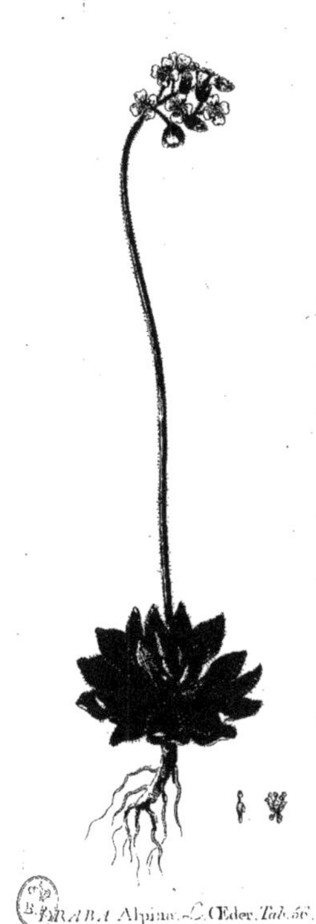

DRABA Alpina. L. Œder. *Tab.* 56.

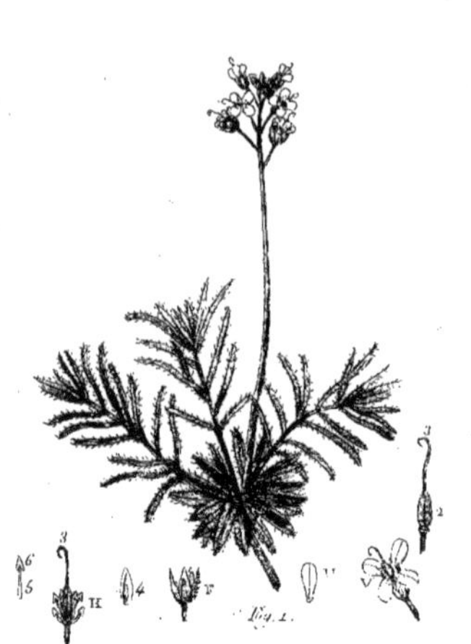

Fig. 1.

Fig. 2.

DRABA Ciliaris. S.

DRABA
CILIARIS.
DRAVE *CILIÉE.*

ORDRES SYSTÉMATIQUES.

DE TOURNEFORT.	VON LINNÉ.	DE JUSSIEU.
Cl. V. S. 3. G. 1. *Alyſſon.*	Cl. XV. Ord. 1. les Siliculeuſes.	Cl. XII. Ordre 3. les Crucifères.

DESCRIPTION.

ENVELOPPE. Aucune.

CALICE. *Périanthe* (F) campaniforme, un peu évaſé par ſon ouverture, formé par quatre feuilles preſque égales, vertes en deſſus, un peu jaunâtres en dedans, inſérées ſous le germe, & qui tombent avec la corolle : chaque feuille eſt ovoïde, obtuſe & un peu concave (4).

COROLLE. *Quatre pétales* (V) égaux, deux fois auſſi longs que les feuilles du calice, & en œuf renverſé (U), entiers; l'onglet eſt de la longueur du calice, & s'inſère ſous le germe.

ETAMINES. *Six filets* (H) preſqu'égaux, droits, cylindriques, grêles, preſque ſoyeux, moins longs que les pétales, & inſérés ſous le germe ; *ſix anthères* oblongues, pâles (6).

PISTIL. *Un germe* (2) oviforme, liſſe, de la longueur de la moitié des filets des étamines ; *un ſtyle* plus élevé que les étamines : il eſt cylindrique, & terminé par un ſtigmate peu diſtinct du ſtyle, mais qui ordinairement excède la longueur des pétales (3) & qui ſe courbe en hameçon.

NECTAR. Aucun.

PERICARPE. *Silicule* (1) ovoïde, comprimée, liſſe, diviſée en deux loges par une cloiſon mitoyenne, égale & parallèle au grand diamètre de la ſilicule ; ce péricarpe s'ouvre en deux valves ovoïdes légèrement concaves, égales au grand diamètre du fruit, & laiſſent tomber pluſieurs graines.

RÉCEPTACLE. *Cloiſon* ovoïde (2), membraneuſe, égale & parallèle au grand diamètre du fruit : cette cloiſon donne attache aux graines.

SEMENCES. *Pluſieurs graines* dans chaque loge du péricarpe : chacune eſt ovoïde, rouſſe.

RACINE. Une fibre cylindrique, pivotante garnie de fibrilles.

TRONC, de deux ſortes ; une hampe qui part de la roſette radicale ; elle eſt ordinairement nue : d'autres tiges partent du deſſous de cette même roſette ; celles-ci ſont grêles ſimples, purpurines & feuillées.

FEUILES, de deux ſortes ; les inférieures ſont diſpoſées en une roſette aplatie ; elles ſont lancéolées, liſſes, entières, ciliées, épaiſſes, & garnies en deſſous d'une côte très-viſible, que von Linné dit être ciliée, mais que nous avons vue glabre : les feuilles ſupérieures & celles des tiges latérales ſont linéaires, ciliées, liſſes en deſſus, entières aux bords, garnies d'une nervure peu apparente en deſſous, & très-minces.

SUPPORTS.
- *Armes.*, *Stipules*, *Bractées*, aucune. Les feules ſont toutes garnies de cils.
- *Pétioles*, nuls.
- *Péduncules* très-courts, ſelon Gérard, fig. 2. aſſez longs dans l'individu que nous avons ſous les yeux, cylindriques.
- *Vrilles*, aucune.

PORT. D'une racine sort une rosette de feuilles lancéolées très-rapprochées, & souvent isolées de terre par le commencement d'une tige. Du milieu de cette rosette monte, selon Gérard, figure 2, une tige feuillée dans la moitié de sa longueur, par des feuilles linéaires, alternes, aussi ciliées ; mais dans l'individu que nous avons sous les yeux, cette tige est nue dans toute son étendue, les fleurs la terminent ; elles sont blanches. De dessous la rosette sortent ordinairement deux tiges obliques, grêles, rougeâtres, presque transparentes, garnies de feuilles linéaires & alternes.

VÉGÉTATION. La plante sort de terre en mars - avril, fleurit en mai - juin ; les fruits sont mûrs en juin : la hampe périt, les feuilles subsistent, & souvent même résistent aux gelées : la racine est vivace.

LIEU. Les montagnes du Dauphiné.

PROPRIÉTÉS. { *Odeur.* La plante froissée est inodore.
Saveur. La plante mâchée est peu sapide.

ANALYSE.
VERTUS.
USAGE.
DOSE. } inconnues.

ETYMOLOGIE. *Draba*, d'un mot Grec : voyez la page 90. *Ciliaris*, ciliaire, à cause des poils qui garnissent le bord des feuilles.

NOM GÉNÉRIQUE PHYTONOMATOTECHNIQUE.

VEHFUAFUANIRÆ.

SYNONYMIE.

DRABA (ciliaris) *caule subnudo, foliis linearibus margine carinaque ciliatis, petalis integris. Lin. Mant.* 91. *Id. Syst. pl.* 3. 213. *Mur. Syst. Veget. Ed.* 14. 585. *Lamk. Encyclop.* 2. 326.

——— *Caule, diffuso ramoso, foliis linearibus ciliatis. Gerar. Prov.* 344. *Tab.* 13. *fig.* 1.

DRAVE ciliée. *Lamark. Encycl.* 2. 326.

N. B. La plante que nous avons fait figurer, nous paroît différer de celle qu'a publiée M. Gérard : nous avons pris le parti de faire représenter celle de cet Auteur à côté de la nôtre, pour fournir un sujet de comparaison à ceux qui trouveront cette plante ; nous sommes disposés à croire que la Drave ciliée est une variété de la Drave aizoïde.

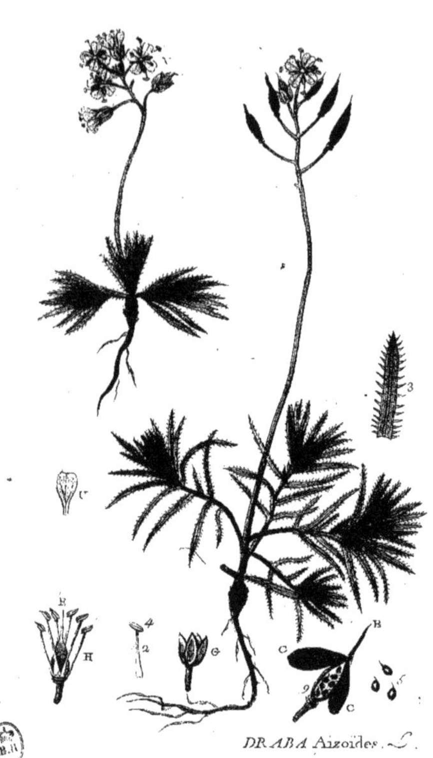

DRABA Aizoïdes. L.

DRABA
AIZOIDES.
DRAVE AIZOIDE.

ORDRES SYSTÉMATIQUES

DE TOURNEFORT.	VON LINNÉ.	DE JUSSIEU.
Cl. V. Sect. 3. Genre 1. *Alyss.*	Classe. XV. Ord. 1. les Silicul.	Classe. XII. Ord. 3. les Crucif.

DESCRIPTION.

ENVELOPPE, aucune.

CALICE. *Périanthe* (G) campaniforme, de quatre feuilles égales, uniformes, vertes, bordées de blanc, insérées sous le germe, & qui tombent avec la corolle : chaque feuille est ovoïde, légèrement concave & très-entière.

COROLLE. *Quatre pétales* (V) disposés en croix, égaux, uniformes, jaunes, évasés, moitié plus longs que les feuilles du calice, insérés sous le germe, & qui tombent de bonne-heure. Chaque pétale (U) est en œuf renversé, formé d'un limbe élargi & légèrement échancré, & d'un onglet plus étroit & aplati.

ETAMINES. *Six filets* (H) droits, inégaux, tétradynamiques, élargis par la base, blancs, de la longueur du pistil; chacun (2) est subulé, aplati à la base, & plus large à cette partie que dans toute sa longueur. *Six anthères* (4) oblongues, jaunes, posées obliquement sur les filets.

PISTIL. *Un germe* ovoïde, lisse, légèrement aplati; *un style* cylindrique, aussi long que le germe, & subulé. *Un stigmate* aigu (E) & très-entier.

NECTAR. *Deux petites glandes* placées devant les deux grands filets, une de chaque côté.

PÉRICARPE. *Silicule* ovoïde, élancée, lisse ou un peu velue, longue de plus de quatre lignes, aplatie, divisée en deux loges par la présence d'une cloison verticale & parallèle au grand diamètre de la silicule, & surmontée du style qui persiste (E). Cette silicule s'ouvre en deux valves (C. C.) égales & parallèles au grand diamètre du fruit : chacune est ovoïde, un peu concave, lisse.

RÉCEPTACLE. *Cloison* (9) ovoïde, membraneuse, égale au grand diamètre du fruit : cette cloison divise le péricarpe en deux loges égales, & donne attache aux graines.

SEMENCES. *Plusieurs graines* dans chaque loge du fruit; chacune (5) est oviforme, lisse.

RACINE. *Une fibre* verticale, renflée à son collet, cylindrique, longue, & garnie de fibrilles capillacées.

TRONC. *Hampe* verticale, plus ou moins alongée, cylindrique, lisse, terminée par depuis cinq jusqu'à dix fleurs péduncuIées, jaunes.

FEUILLES très-simples, linéaires, lisses à la surface supérieure & inférieure, garnies de cils aux bords & à la face inférieure, sessiles & entières. Les cils que l'on observe à la bordure paroissent (à la loupe, fig. 3.) formés par la propre substance de la feuille : ils sont d'un vert plus pâle que les feuilles.

SUPPORTS.
- *Armes.* Les feuilles ſont garnies de cils très-apparens.
- *Stipules*, *Bractées*, } aucune.
- *Pétioles*, aucun.
- *Pédoncules* très-apparans, cylindriques, ovoïdes, & de la longueur des fruits : voyez TRONC & PORT.
- *Vrilles*, aucune.

PORT. D'une racine commune ſortent deux à quatre touffes de feuilles, diſpoſées en forme de pinceau ou en roſette ; ſouvent ces feuilles tiennent à des commencemens de tiges & les terminent : ces tiges radicales s'alongent et ſont ſtériles. Les feuilles y ſont rangées alternativement, mais elles y ſont très-rapprochées : de la partie ſupérieure & du milieu des tiges radicales, monte verticalement une hampe ; cette hampe commence à fleurir avant d'avoir pris ſon accroiſſement ; elle s'alonge à fur & à meſure que les fleurs ſe paſſent ; enfin elle eſt à ſa plus grande hauteur lorſque les fleurs ſont tombées ; dans cet état, elle a depuis deux juſqu'à ſix pouces d'élévation : les fleurs ſont diſpoſées en bouquet ; les fruits ſont pédonculés, diſpoſés en thyrſe ; les pédoncules ſont alternes.

VÉGÉTATION. Sort de terre en février, fleurit en mars ou avril ; les fruits ſon mûrs en juin ; les hampes périſſent ; les feuilles continuent à vivre, & ſouvent perſiſtent les hivers : la racine vit pluſieurs années.

LIEU. Les Provinces méridionales de la France, aux Alpes, ſur les rochers.

PROPRIÉTÉS.
- *Odeur.* La plante froiſſée eſt inodore.
- *Saveur.* La plante mâchée eſt peu ſapide, légèrement aſtringente.

ANALYSE, VERTUS, USAGE, DOSE, } inconnues.

Etymologie. *Draba,* d'un mot grec, voyez la page 90. *Aizoïdes*, diminutif *d'aizoon*, formé des mots grecs ἀεὶ *ſemper*, toujours, & ζῶον *vivum*, vivant, comme qui diroit petit, *ſemper vivum*, ou petite plante toujours vivante. Ce nom a été donné à cette plante, parce qu'elle imite en petit la Joubarbe des toits.

NOM GÉNÉRIQUE PHYTONOMATOTECHNIQUE.

VEHFWCFUANIRÆ.

SYNONYMIE.

DRABA (*aizoïdes*) *ſcapo-nudo ſimplici ; foliis linearibus, ciliatis ; petalis, ſub emarginatis ; ſiliculis ovato lanceolatis acutis.*

——— (*Aizoïdes*) *ſcapo nudo, ſimplici, foliis anſiformibus, carinatis ciliatis. Lin. Mant.* 91. *id. Syſt. pl.* 3. 212. *Mur. Syſt. Veget. ed.* 14. 585. *Jacq. Flor. Auſtriac.* 2. *pag.* 55. *Tab.* 192.

——— *Caule nudo, erecto, ſimplici, foliis linearibus, cileatis. Gerard, Flor. Galeo, Prov.* 343. *n°.* 1. *Alion Flor. Ped. n°.* 893.

DRAVE aizoïde. *Lamk., Encyclop.* 2. 326.

www.ingramcontent.com/pod-product-compliance
Ingram Content Group UK Ltd.
Pitfield, Milton Keynes, MK11 3LW, UK
UKHW020122200726
13856UKWH00002B/688